大气科学专业系列教材

大气探测实验教程

主　　编　金龙山
编写人员　金龙山　王体健　孙鉴泞　王勤耕
　　　　　谢国樑　潘裕强　张少宝　邹　钧

南京大学出版社

图书在版编目(CIP)数据

大气探测实验教程 / 金龙山主编. —南京：南京
大学出版社，2018.1
大气科学专业系列教材
ISBN 978-7-305-19811-3

Ⅰ.①大…　Ⅱ.①金…　Ⅲ.①大气探测—实验—高等
学校—教材　Ⅳ.①P41-33

中国版本图书馆 CIP 数据核字(2017)第 326940 号

出版发行　南京大学出版社
社　　址　南京市汉口路 22 号　　邮　编　210093
出 版 人　金鑫荣

丛 书 名　大气科学专业系列教材
书　　名　大气探测实验教程
主　　编　金龙山
责任编辑　吴　华　　　　　　　编辑热线　025-83596997

照　　排　南京理工大学资产经营有限公司
印　　刷　南京大众新科技印刷有限公司
开　　本　787×1092　1/16　印张 5.5　字数 124 千
版　　次　2018 年 1 月第 1 版　2018 年 1 月第 1 次印刷
ISBN 978-7-305-19811-3
定　　价　20.00 元

网　　址：http://www.njupco.com
官方微博：http://weibo.com/njupco
微信服务号：njuyuexue
销售咨询热线：(025)83594756

前 言

　　大气探测是利用各种探测手段,对地球大气不同地区、不同高度上的物理状态和化学特征的发生、发展和演变过程进行观测和测定,是大气科学研究所需观测资料的重要来源。大气探测学包含理论和实验两大部分,其中大气探测理论主要介绍探测各个气象要素仪器的工作原理和方法,大气探测实验主要介绍目前我国常用的大气探测仪器的使用方法,并利用各种探测仪器观测资料分析气象要素的变化规律,这些是大气探测学的重要组成部分。

　　作为本科生,除了掌握大气探测的基础理论之外,还必须学会使用大气探测仪器的基本技能。为此,本书设计了十个实验以强化对学生实验与实践能力的培养。金龙山负责本书总体框架的设计。实验一"地面气象(自动气象站)观测及数据分析"由金龙山编写,实验二"环境空气质量监测及数据分析"由王勤耕、金龙山编写,实验三"单经纬仪测风及数据处理分析"由金龙山、王体健编写,实验四"双经纬仪测风及编程计算"由王体健、金龙山编写,实验五"涡动相关系统观测及其数据分析"由金龙山、孙鉴泞编写,实验六"梯度气象观测系统及数据处理"由孙鉴泞、邹钧编写,实验七"系留气艇探测系统及数据处理"由金龙山编写,实验八"低空探空仪测温及数据处理"由谢国樑、金龙山编写,实验九"温度表的误差:滞后误差与辐射误差"由金龙山、谢国樑编写,实验十"热敏电阻测量温度"由潘裕强、张少宝编写。

　　本书是在《大气探测实验讲义》的基础上修改完成的,该讲义在南京大学大气科学学院试用了30多年。在这里要特别感谢南京大学出版社吴华女士的鼓励和帮助,使得本书能在规定时间内顺利出版。由于著者水平有限,书中难免有疏漏和不正之处,敬请读者不吝指正。

编　者

2017 年 10 月

目　录

实验一

地面气象（自动气象站）观测及数据分析

一、实验目的

通过实验，熟练掌握地面气象（自动气象站）观测系统的观测项目、观测记录，了解相关气象传感器的观测原理、基本特点及使用方法，学会气象观测资料的统计处理方法，并根据统计结果进行气象要素变化规律分析。

二、实验原理

地面气象观测是气象观测的重要组成部分，它是对地球表面一定范围内的气象状况及其变化过程进行系统的、连续的观察和测定，为天气预报、气象信息、气候分析、科学研究和气象服务提供重要的科学依据。

1. 地面气象观测台站分类

我国地面气象观测台站按承担的观测业务属性和作用分为国家基准气候站、国家基本气象站、国家一般气象站三类，此外还有无人值守气象站。

（1）国家基准气候站（简称基准站）是根据国家气候区划，以及全球气候观测系统的要求，为获取具有充分代表性的长期、连续气候资料而设置的气候观测站，是国家气候站网的骨干。

（2）国家基本气象站（简称基本站）是根据全国气候分析和天气预报的需要所设置的气象观测站，大多担负区域或国家气象情报交换任务，是国家天气气候站网中的主体。

（3）国家一般气象站（简称一般站）是按省（区、市）行政区划设置的地面气象观测站，获取的观测资料主要用于本省（区、市）和当地的气象服务，也是国家天气气候站网观测资料的补充。

（4）无人值守气象站（简称无人站）是在不宜建立人工观测站的地方，利用自动气象站建立的无人气象观测站，用于天气气候站网的空间加密，观测项目和发报时次可根据需要而设定。

2. 地面气象观测场基本要求

（1）地面气象观测场是取得地面气象资料的主要场所，地点应设在能较好反映本地较大范围的气象要素特点的地方，避免局地地形的影响，观测场四周空旷平坦，周边障碍物的影子不应投射到日照和辐射观测仪器上。

（2）观测场一般为 25 米×25 米的平坦场地，四周应设置约 1.2 米高的稀疏围栏，作为明显的标志。

（3）观测场内应保持均匀草层，草高不应超过20 cm；场内应铺设0.3～0.5 m宽的小路，如图1-1所示。

图1-1 南京市国家基准气候站

3. 观测时次

（1）国家级地面气象观测站自动观测项目每天24小时连续观测。

（2）基准站、基本站定时人工观测次数为每日5次（08、11、14、17、20时）。

（3）一般站定时人工观测次数为每日3次（08、14、20时）。

4. 观测项目

各类地面气象观测台站均采用自动气象站进行观测，自动气象站可以对能见度、风向、风速、温度、湿度、气压、降水、蒸发、日照、地表温度（含草温）、浅层地温、深层地温、雪深等气象要素进行连续、自动测量。

（1）人工观测项目

总云量、低云量、云底高度、天气现象等。

（2）自动观测项目

能见度、气温、气压、相对湿度、风向、风速、降水、日照、地面温度（含草温）、浅层和深层地温、蒸发、总辐射、散射辐射和反射辐射等。

5. 观测记录

地面气象观测项目的各要素使用的单位及记录格式见表1-1所示。

表1-1 地面气象观测项目记录格式

观测项目	单位	记录格式
云量	成,用1/10表示	取整数
云底高度	米(m)	取整数
能见度	米(m)	取整数
气温	摄氏度(℃)	取1为小数
相对湿度	百分率(%)	取整数
气压	百帕(hPa)	取1为小数
风向	度(°)	取整数
风速	米每秒(m/s)	取1为小数
降水	毫米(mm)	取1为小数
日照	小时(h)	取1为小数
地面温度(含草温)	摄氏度(℃)	取1为小数
浅层和深层地温	摄氏度(℃)	取1为小数
蒸发	毫米(mm)	取1为小数
总辐射	瓦每平方米(W/m²)	取整数
散射辐射	瓦每平方米(W/m²)	取整数
反射辐射	瓦每平方米(W/m²)	取整数

6. 自动气象站传感器

自动气象站是将敏感元件因气象要素的变化而产生的变化转换成电量变化、对该电量进行线性化和定标处理,按物理原理公式进行计算并对计算用的有关参数进行必要的修订,将计算结果转换成气象要素值并进行质量控制等。

自动气象站主要传感器及测量性能见表1-2所示。

表 1 - 2　自动气象站主要传感器及测量性能

气象要素	传感器	测量范围	分辨率	准确率	平均时间	采样速率
气温	HMP155A 温湿度传感器（如图 1 - 2）	−80℃～+60℃	0.1℃	±0.2℃	1 min	6 次/min
相对湿度	HMP155A 温湿度传感器（如图 1 - 2）	0～100%	1%	≤90%：±1% >90%：±2%	1 min	6 次/min
气压	PTB220 硅电容压力传感器（如图 1 - 3）	500～1 100 hPa	0.1 hPa	±0.3 hPa	1 min	6 次/min
风向	EL15 - 2 风向传感器（如图 1 - 4）	0°～360°	2.8°	±3°	3 s,1 min	1 次/s
风速	EL15 - 1 三式风速传感器（如图 1 - 4）	0.3～60 m/s	0.05 m/s	±(0.3+0.03 v)m/s	2 min,10 min	
降水量	SL3 - 1 翻斗式雨量器（如图 1 - 5）	雨强 ≤4 mm/min	0.1 mm	≤10 mm：±0.4 mm >10 mm：±4%	累计	1 次/min
蒸发量	AG2.0 超声波蒸发器（如图 1 - 6）	0～100 mm	0.1 mm	±1.5%	累计	
日照	CSD3 日照时数传感器（如图 1 - 7）	0～24 h	60 s	±0.1 h	累计	
能见度	PWN22 能见度传感器（如图 1 - 8）	10～20 000 m	1m	±10%	1 min	4 次/min
地面温度（含草温）	铂电阻 Pt100 温度传感器（如图 1 - 9）	−50℃～+80℃	0.1℃	±0.5℃	1min	6 次/min
浅层和深层地温	铂电阻 Pt100 温度传感器（如图 1 - 9）	−40℃～+60℃	0.1℃	±0.5℃	1 min	6 次/min
总辐射	TBQ - 2L 总辐射传感器（如图 1 - 10）	0～2 000 W/m²	1 W/m²	±2%	1 min	6 次/min
散射辐射	TBQ - 2L 总辐射传感器（如图 1 - 10）	0～2 000 W/m²	1 W/m²	±2%	1 min	6 次/min
反射辐射	TBQ - 2L 总辐射传感器（如图 1 - 10）	0～2 000 W/m²	1 W/m²	±2%	1 min	6 次/min

（1）温湿度传感器

HMP155A 是 Vaisala 公司推出的一款性能优异的温度相对湿度传感器(如图 1 - 2)。湿度测量基于电容性高分子薄膜传感器 HUMICAP ® 180R。温度测量基于铂电阻传感器(Pt100)。湿度传感器和温度传感器都位于探头的顶端,由一个烧结的聚四氟乙烯过滤器保护。它具有多种连接方式,既可以通过电压接口或 RS - 485 接口连接到数据采集器上,也可以通过 USB 线直接与计算机或 M170 显示器连接。

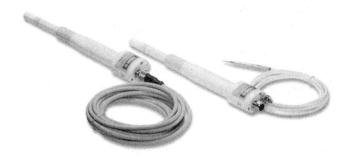

图 1 - 2　HMP155A 温湿度传感器

（2）气压传感器

PTB220 硅电容压力传感器(如图 1 - 3)是完全补偿的数字气压表,具有较宽的工作温度和气压测量范围。感应元件采用 Vaisala 研制的硅电容压力传感器 BAROCAP ®。BAROCAP ® 具有很好的滞后性、重复性、温度特性、长期稳定性。

图 1 - 3　PTP220 硅电容压力传感器

PTB220 的工作原理是基于一个先进的 RC 振荡电路和三个参考电容,并且电容压力传感器及电容温度传感器连续测量。微处理器自动进行压力线性补偿及温度补偿。

PTB220 在全量程范围内有 7 个温度调整点,每个温度点有 6 个全量程压力调整点。所有的调整参数都存储在 EEPROM 中,用户不可改变出厂设置。

PTB220 有三种输出方式:软件可设的 RS232 串行输出;TTL 电平输出;模拟(电压、电流)输出、脉冲输出。

(3) 风向风速传感器

EL15-1 杯式风速传感器(如图 1-4)利用风杯部件作为感应部件,其感应部件随风旋转并带动风速码盘进行光电扫描,输出相应的电脉冲信号。

EL15-2 风向传感器(如图 1-4)是用于测量风的水平风向的专业气象仪器。风向传感器的感应元件为风向标部件,经格雷码盘、光电器件等将风标的角位移转换成相应的格雷码,以电信号输出。

图 1-4 EL15 型风向风速传感器

(4) 雨量传感器

SL3-1 雨量传感器(如图 1-5)用来测量地面降雨量。翻斗式雨量计由集水器、翻斗、调节螺钉、干簧管等构成。在测量过程中,随着翻斗间歇翻倒动作,带动开关,发出一个个脉冲信号,将非电量转换成电量输出。

图 1-5　SL3-1 翻斗式雨量传感器

（5）蒸发传感器

AG2.0超声波蒸发器（如图1-6）根据超声波测距原理，选用高精度超声波传感器，精确测量超声波传感器至水面的距离并转换成电信号输出，可即时测出蒸发量。超声波蒸发器和E-601B型蒸发桶、水圈等配套使用。

图 1-6　AG2.0超声波蒸发器

（6）日照时数传感器

　　Kipp & Zonen 公司出品的 CSD3 日照时数传感器（如图 1-7）用于连续测量日照时数。仪器本身没有移动部件,耗电量低,能够胜任野外的长期观测使用。该器件使用三个特殊设计的光电二极管,在有太阳（直接辐射强度＞120 W/m²）的时候进行观测计算。CSD3 内置加热器可以防止雨雪、霜降等对观测产生的不利影响,也可以根据实际需要选择内部温度调节装置。

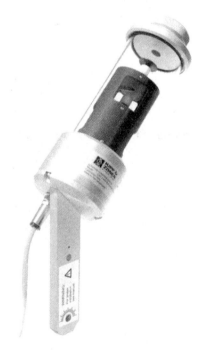

图 1-7　CSD3 日照时数传感器

(7) 能见度传感器

PWD22 能见度传感器(如图1-8)通过测量大气中悬浮粒子对红外的散射强度来计算能见度,采用世界气象组织认可的前散射测量原理进行工作,是一种技术要求很高的精密仪器。由于不同大气颗粒(雾、雨、雪、沙尘)的散射特性差异很大,所以在复杂的条件下都能给出准确的能见度值是至关重要的。PWD22 内置有电容式感雨量器(RAINCAP 传感器元件),精确估计降水量,将此测量量与前散射信息、温度测量信息结合在一起,通过复杂的计算即可识别降水类型、测量降水累计量、测量降水强度,按照 WMO 和 NWS 代码表报告。

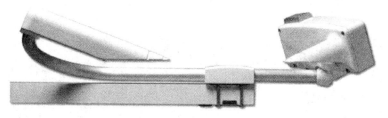

图1-8　PWN22 能见度传感器

(8) 地温传感器

铂电阻温度传感器(如图1-9)用来精确测量空气、土壤或不同下垫面(如水泥、柏油路面等)的温度。该传感器选用精密级铂电阻元件,经热熔焊、旋压冷挤等特殊工艺处理,由屏蔽信号电缆线从敏感元件引出用于测量,具有精度高、互换性好、耐腐蚀、抗渗漏的特点,保证传感器在 $-50℃\sim80℃$ 的情况下其误差小于 $\pm0.3℃$。采用四线制连接方法,可最大限度减少导线电阻引起的测量误差。

图1-9　铂电阻 Pt100 温度传感器

(9) 辐射传感器

TBQ-2L 辐射表(如图1-10)是一款测量接收地球平面上辐照度的一级辐射表,主要用来测量波长范围为 $0.3\sim3$ 微米的太阳总辐射。如水平向下放置可测量反射辐射,加散射遮光环可测量散射辐射。

总辐射表由双层石英玻璃罩、感应元件、遮光板、表体、干燥剂等部分组成。感应元件是该表的核心部分,由快速响应的绕线电镀式热电堆组成。感应面涂 3 M 无光黑漆,感应面为热结点,当有阳光照射时温度升高,它与另一面的冷结点形成温差电动势,该电动势与太阳辐射强度成正比。

总辐射表双层玻璃罩是为了减少空气对流对辐射表的影响。内罩是为了截断外罩本身的红外辐射而设的。

总辐射表输出辐射量（W/m²）＝测量输出电压信号值（μV）÷灵敏度系数（μV/W·m⁻²），每个传感器分别给出标定过的灵敏度系数。

图 1－10　TBQ－2L 总辐射传感器

7. 自动气象站显示及存储内容

（1）显示内容

在数据采集器前面板上有 LED 显示，可通过轻触键盘查看实时气象数据，其中风向、风速每 3 秒钟更新一次，其余气象要素每 1 分钟更新一次。

在计算机屏幕上，通过菜单命令可显示全部实时气象数据，每分钟更新一次。

（2）正点地面气象要素数据文件

正点地面气象要素数据文件为 ZIIiiiMM.YYY，简称 Z 文件，文件名中，Z 为指示符；

IIiii 为区站号;MM 为月份,不足两位时,前面补"0";YYY 为年份的后 3 位。

①Z 文件为随机文件,每月一个,记录采用定长类型,每一条记录 218 个字节,记录尾用回车换行结束,ASCII 字符存盘,每个要素值高位不足补空格。

②Z 文件第一次生成时应进行初始化,初始化的过程是:首先检测 Z 文件是否存在,如无当月 Z 文件,则生成该文件,将全月逐日逐时各要素的位置一律存入相应字长的"—"字符(即减号)。

③Z 文件按北京时计时,以北京时的 00 分数据作为正点定时数据。

④Z 文件的第 1 条记录为本站当月基本参数,每项参数长为 5 个字节,内容见表 1-3 所示。

表 1-3　Z 文件中第 1 条记录基本参数

序号	参数	字长	序号	参数	字长
1	区站号	5 字节	19	雨量传感器标识	5 字节
2	年	5 字节	20	感雨器标识	5 字节
3	月	5 字节	21	草面温度传感器标识	5 字节
4	经度	5 字节	22	地面温度传感器标识	5 字节
5	纬度	5 字节	23	5 cm 地温传感器标识	5 字节
6	观测场海拔高度	5 字节	24	10 cm 地温传感器标识	5 字节
7	气压传感器海拔高度	5 字节	25	15 cm 地温传感器标识	5 字节
8	风速传感器距地(平台)高度	5 字节	26	20 cm 地温传感器标识	5 字节
9	平台距地高度	5 字节	27	40 cm 地温传感器标识	5 字节
10	人工定时观测次数	5 字节	28	80 cm 地温传感器标识	5 字节
11	干湿表通风系数 Ai 值	5 字节	29	160 cm 地温传感器标识	5 字节
12	自动站型号标识	5 字节	30	320 cm 地温传感器标识	5 字节
13	气温传感器标识	5 字节	31	日照传感器标识	5 字节
14	湿球温度传感器标识	5 字节	32	蒸发传感器标识	5 字节
15	湿敏电容传感器标识	5 字节	33	能见度传感器标识	5 字节
16	气压传感器标识	5 字节	34	保留	48 字节,用"—"填充
17	风向传感器标识	5 字节	35	版本号	5 字节
18	风速传感器标识	5 字节	36	回车换行	2 字节

存储规定:

➤经度和纬度的分保留两位,高位不足补"0",如北纬 32 度 02 分存"3202"。

➤气压传感器海拔高度和观测场海拔高度:保留一位小数,扩大 10 倍存入。

➤自动站型号标识:I 型自动站存入"1",II 型自动站存入"2",milos 系列自动站存入"3"。

➤各传感器标识:有该项目存"1",无该项目存"0"。

➤干湿表通风系数 Ai 值:扩大 10^7 倍后存入。例如,Ai=0.000 667,则存入 6 670。

➤版本号:在第 1 条记录的最后 5 个字节中写上 V3.00,以便版本升级和功能扩展。

➤Z 文件中每一时次为一条记录,每日 24 条记录。记录号的计算方法:

$$N=D\times24+T-19$$

式中,N:记录号;D:北京时日期(月末一天 21~23 时的日期 D 取 0);T:北京时。如每月 1 日第 2 条记录应为北京时的上月最后一天的 21 时的数据,这时 N=2,如 4 日 23 时,则 N=100。

Z 文件中第 1 条后的每一条记录,存 54 个要素的正点值,以 ASCII 字符写入,除能见度和最小能见度为 5 个字节外,其他每个要素长度为 4 字节,最后两位为回车换行符。Z 文件中其他记录基本要素分配见表 1-4 所示:

表 1-4　Z 文件中其他记录基本要素

序号	要素名称	字长	序号	要素名称	字长
1	日、时(北京时)	4 字节	21	湿敏电容湿度值	4 字节
2	2 分钟平均风向	4 字节	22	相对湿度	4 字节
3	2 分钟平均风速	4 字节	23	最小相对湿度	4 字节
4	10 分钟平均风向	4 字节	24	最小相对湿度出现时间	4 字节
5	10 分钟平均风速	4 字节	25	水汽压	4 字节
6	最大风速的风向	4 字节	26	露点温度	4 字节
7	最大风速	4 字节	27	本站气压	4 字节
8	最大风速出现时间	4 字节	28	最高本站气压	4 字节
9	瞬时风向	4 字节	29	最高本站气压出现时间	4 字节
10	瞬时风速	4 字节	30	最低本站气压	4 字节
11	极大风向	4 字节	31	最低本站气压出现时间	4 字节
12	极大风速	4 字节	32	草面(雪面)温度	4 字节
13	极大风速出现时间	4 字节	33	草面(雪面)最高温度	4 字节
14	小时累积降水量	4 字节	34	草面(雪面)最高出现时间	4 字节
15	气温	4 字节	35	草面(雪面)最低温度	4 字节
16	最高气温	4 字节	36	草面(雪面)最低出现时间	4 字节
17	最高气温出现时间	4 字节	37	地面温度	4 字节
18	最低气温	4 字节	38	地面最高温度	4 字节
19	最低气温出现时间	4 字节	39	地面最高出现时间	4 字节
20	湿球温度	4 字节	40	地面最低温度	4 字节

序号	要素名称	字长	序号	要素名称	字长
41	地面最低出现时间	4 字节	49	320 cm 地温	4 字节
42	5 cm 地温	4 字节	50	小时累计蒸发量	4 字节
43	10 cm 地温	4 字节	51	小时累计日照	4 字节
44	15 cm 地温	4 字节	52	能见度	5 字节
45	20 cm 地温	4 字节	53	最小能见度	5 字节
46	40 cm 地温	4 字节	54	最小能见度出现时间	4 字节
47	80 cm 地温	4 字节	55	回车换行	2 字节
48	160 cm 地温	4 字节			

存储规定:

➢ 正点值的含义是指北京时正点采集的数据。

➢ "日、时"作为记录识别标志用,日、时各两位,高位不足补"0",其中"日"是按北京时的日期;"时"是指正点小时。

➢ 日照采用地方平均太阳时,存储内容统一规定为地方平均太阳时上次正点观测到本次正点观测这一时段内的日照总量。

➢ 各种极值存上次正点观测到本次正点观测这一时段内的极值。

➢ 小时累计降水量是从上次正点观测到本次正点观测这一时段内的降水量累计值。

➢ 数据记录单位:数据的记录单位按规范执行,存储各要素值不含小数点,具体规定见表1-5所示。

表1-5 Z文件中各气象要素记录单位及存储规定

要素名称	记录单位	存储规定
气压	0.1 hPa	扩大10倍
温度	0.1℃	扩大10倍
相对湿度	1%	原值
水汽压	0.1 hPa	扩大10倍
露点温度	0.1℃	扩大10倍
降水量	0.1 mm	扩大10倍
风向	1°	原值
风速	0.1 m/s	扩大10倍
日照	1 min	原值
蒸发量	0.1 mm	扩大10倍
能见度	1 m	原值
时间	月、日、时、分	各取2位,高位不足补0

➤当气压值≥1 000.0 hPa 时,则先减去 1 000.0,再乘以 10 后存入。

➤若要素缺测,除有特殊规定外,则均应按约定的字长,每个字节位均存入一个"/"字符。

➤对于降水量,无降水时存入空格(4 位),微量降水存入"0000",雨量缺测或雨量传感器停止使用期(含冬季停用或长期故障停用)一律存"－－－－"。

➤当使用湿敏电容测定湿度时,除在湿敏电容数据位写入相应的数据值外,同时应将求出的相对湿度值存入相对湿度数据位置,在湿球温度位置一律存"＊＊＊＊"作为识别标志。

(3) 正点气象辐射数据文件

正点气象辐射数据文件 HIIiiiMM. YYY,简称 H 文件。该文件名中,H 为指示符;Iiiii 为区站号;MM 为月份,不足两位时,前面补"0";YYY 为年份的后 3 位。

① H 文件为随机文件,每月一个,记录采用定长类型,每一条记录 112 个字节,记录尾以回车换行结束,用 ASCII 字符存入,每个要素值高位不足补空格。

② H 文件第一次生成时应进行初始化,初始化的过程是:首先检测 H 文件是否存在,无当月 H 文件,则生成该文件,将全月逐日逐时的要素存放位置一律存入"－－－－"字符(即 4 个减号)。

③ H 文件的日界为地方平均太阳时的 24 时 00 分。

④ H 文件的第一条记录为本站月基本参数,每项参数长为 5 个字节,高位不足补空,记录尾以回车换行结束,存储内容见表 1－6 所示。

表 1－6 H 文件中第 1 条记录基本参数

序号	参数	存储规定
1	区站号	5 位数字
2	年份	5 位数字
3	月份	5 位数字
4	经度	度保留 3 位,分保留 2 位,高位不足补"0",如北纬 32 度
5	纬度	02 分存"03202"
6	辐射站级别	1:一级站;2:二级站;3:三级站
7	总辐射传感器标识	
8	净全辐射传感器标识	
9	直接辐射传感器标识	有该传感器存"1",无该传感器存"0"
10	散射辐射传感器标识	
11	反辐射传感器标识	
12	曝辐量累积时间	1 小时存"60",半小时存"30",20 分钟存"20"
13	保留内容	用"－"填充,共 45 个
14	版本号	当前版本号为 V3.00

⑤ H 文件中第 1 条后的每条记录存记录的时间(日、时)和总辐射曝辐量、总辐射辐照度、总辐射最大辐照度、总辐射最大辐照度出现时间、净辐射曝辐量、净辐射辐照度、净辐射最大辐照度、净辐射最大辐照度出现时间、净辐射最小辐照度、净辐射最小辐照度出现时间、直接辐射曝辐量、直接辐射辐照度、直接辐射最大辐照度、直接辐射最大辐照度出现时间、水平面直接辐射曝辐量、散射辐射曝辐量、散射辐射辐照度、散射辐射最大辐照度、散射辐射最大辐照度出现时间、反射辐射曝辐量、反射辐射辐照度、反射辐射最大辐照度、反射辐射最大出现时间、日照、大气浑浊度、计算大气浑浊度时的直接辐射辐照度共 27 个要素的正点值,以 ASCII 字符存储,除时间为 6 字节外,其他每个要素均为 4 字节,记录尾以回车换行结束。

➤记录号的计算方法:

$$B = 60/曝辐量累积时间 \times 24$$
$$N = (D-1) \times B + T$$

式中,B:每天记录条数;N:记录号;D:日期(1~31);T:地方平均太阳时(1~24)。

➤曝辐量记录单位为 MJ·m^{-2}(取两位小数),扩大 100 倍后存入,存储值不含小数点。

➤根据 H 文件的第 1 条记录第 13 项"曝辐量累积时间"各定时可以为 1 小时、30 分钟、20 分钟等,当定时为 1 小时时,总辐射曝辐量、净辐射曝辐量、直接辐射曝辐量、散射辐射曝辐量、反射辐射曝辐量存的是每小时辐照度的总量;当定时为 20 分钟时,则总辐射曝辐量、净辐射曝辐量、直接辐射曝辐量、散射辐射曝辐量、反射辐射曝辐量存的是 20 分钟辐照度的总量,以此类推。

➤要素的最大值存指定时段内出现的最大辐照度。

➤时间中日、时、分各两位,高位不足补"0";最大出现时间中的时、分各两位,高位不足补"0"。

三、实验步骤

1. 检查仪器设备

每次实验前巡视观测场和现用自动站的采集器、传感器、综合集成硬件控制器等仪器设备及备份观测设备,确保其工作状态良好、采集器和计算机运行正常、网络传输畅通。

2. 定时观测流程

(1) 45—00 分,人工观测云、能见度及其他人工观测项目,连续观测天气现象。

(2) 正点前 15 分,查看显示的自动观测实时数据是否正常,并及时进行处理。

(3) 00 分,自动站进行正点数据采样。

(4) 00—01 分,完成自动观测项目观测,并显示定时观测数据,发现有缺测或异常时,及时按有关规定处理。

(5) 01—03 分,向计算机内录入人工观测数据。

(6) 03—05 分,查询数据文件传输情况。

（7）每次定时观测后，登录 MDOS、ASOM 平台查看本站数据完整性，根据系统提示的疑误信息，及时处理和反馈疑误数据；按要求填报元数据信息、维护信息、系统日志等。

3. 云量观测

云量观测包括总云量、低云量。

总云量是指观测时天空被所有的云遮蔽的总成数，低云量是指天空被低云族的云遮蔽的成数，均记整数。

（1）总云量的记录。全天无云，总云量记 0；天空完全为云所遮蔽，记 10；天空完全为云所遮蔽，但只要从云隙中可见青天，则记 10⁻；云占全天十分之一，总云量记 1；云占全天十分之二，总云量记 2，其余依次类推。天空有少许云，其量不到天空的十分之零点五时，总云量记 0。

（2）低云量的记录。低云量的记录方法，与总云量相同。

（3）因雪、雾、轻雾等天气使天空的云量无法辨明或不能完全辨明时，总、低云量记 10；可完全辨明时，按正常情况记录。

（4）因霾、浮尘、沙尘暴、扬沙等视程障碍现象使天空云量全部或部分不能辨明时，总、低云量记"－"；若能完全辨明时，则按正常情况记录。

4. 云高观测

云高以米（m）为单位，记录取整数。

（1）目测云高

根据云状来估测云高，首先应正确判断云状，同时可根据云体结果、云块大小、亮度、颜色、移动速度等情况，结合本地常见的云高范围（见表 1－7）进行估测。

表 1－7　各云属常见云底高度范围（m）

云属	云底高度范围	说　明
积云	600～2 000	沿海及潮湿地区，云底较低，有时在 600 米以下；沙漠和干燥地区，有时高达 3 000 米左右
积雨云	600～2 000	一般与积云云底相同，有时由于有降水，云底比积云低
层积云	600～2 500	当低层水汽充沛时，云底高可在 600 米以下
层云	50～800	与低层湿度密切相关，湿度大时云底较低；湿度小时，云底较高
雨层云	600～2 000	刚由高层云变来的雨层云，云底一般较高
高层云	2 500～4 500	刚由卷层云变来的高层云，有时高达 6 000 米左右
高积云	2 500～4 500	夏季，在我国南方，有时可高达 8 000 米左右
卷云	4 500～10 000	夏季在我国南方，有时高达 17 000 米左右；冬季在我国北方和西部高原地区可低至 2 000 米以下
卷层云	4 500～8 000	冬季在我国北方和西部高原地区可低至 2 000 米以下
卷积云	4 500～8 000	有时与卷云高度相同

(2) 利用公式计算估算

积云、积雨云云高可利用下列经验公式计算估算：

$$H=\frac{t-t_d}{\gamma_d-\gamma_z}\approx 124(t-t_d)$$

式中：

H——云高，单位为米(m)；

t——气温，单位为摄氏度(℃)；

t_d——露点温度，单位为摄氏度(℃)；

γ_d——干空气的绝热直减率，近似于 0.98℃/100 m；

γ_z——露点温度在干绝热阶段的直减率，近似于 0.17℃/100 m。

5. 天气现象

(1)《地面气象观测规范》定义了 34 种天气现象。

(2) 当前保留观测和记录的有 21 种：雨、阵雨、毛毛雨、雪、阵雪、雨夹雪、阵性雨夹雪、冰雹、露、霜、雾凇、雨凇、雾、轻雾、霾、沙尘暴、扬沙、浮尘、大风、积雪、结冰；取消了 13 种：霰、米雪、冰粒、吹雪、雪暴、烟幕、雷暴、闪电、极光、飑、龙卷、尘卷风、冰针。其中，雪暴、霰、米雪、冰粒出现时，记为雪，这 4 种天气现象与雨同时出现时，记为雨夹雪。各类天气现象符号见表 1-8 所示。

表 1-8　天气现象符号一览表

天气现象	符号	天气现象	符号	天气现象	符号	天气现象	符号
雨	●	阵雨	▽̇	毛毛雨	,	雪	✳
阵雪	▽̇	雨夹雪	✳	阵性雨夹雪	✳̆	冰雹	△
露	Ω	霜	⊔	雾凇	V	雨凇	∽
雾	≡	轻雾	=	霾	∞	沙尘暴	⊖
扬沙	$	浮尘	S	大风	⊨	积雪	⊠
结冰	⊔						

(3) 记录规定：

① 已实现自动观测的天气现象每天 24 小时连续观测；未实现自动观测的天气现象白天(08—20 时)保持人工连续观测，夜间(20—08 时)现象应尽量判断记录，只记符号，不记起止时间。

② 夜间降水类天气现象应与降水量保持一致，避免出现有降水量但无降水现象的记录。

③ 由于降水现象影响，人工观测能见度小于 10.0 km，不必加记视程障碍现象；由于

降水现象影响,自动观测能见度小于 7.5 km,对误判的视程障碍现象,应在定时观测时次进行删除。

6. 自动观测

观测实时的气温、相对湿度、风向、风速、气压、能见度、日照、雨量、草面、地表温度、浅层地温、深层地温、总辐射、散射辐射和反射辐射等气象要素。

7. 实时地面气象观测记录

根据实时人工观测和自动观测的气象要素填写地面气象观测记录,见表 1-9 所示。

表 1-9 观测记录一览表

时间			观测员		
总/低云量		能见度		5 cm	
云高		日照		10 cm	
气温		雨量		15 cm	
相对湿度		蒸发量		20 cm	
风速		总辐射		40 cm	
风向		散射辐射		80 cm	
气压		反射辐射		160 cm	
天气现象		地表温度		320 cm	

四、实验报告

(1) 简述实验名称、实验目的、实验原理。

(2) 给出人工观测及自动观测的气象资料。

(3) 利用提供的历史气象资料分析:气温、相对湿度、风速、气压、能见度、地表温度、浅层地温、深层地温随时间的变化规律。

(4) 利用提供的历史气象资料确定:气温、相对湿度、风速、气压、能见度、地表温度、浅层地温、深层地温的平均值、最大值及最小值。

(5) 利用提供的历史气象资料分析主导风向,绘制风向玫瑰图。

(6) 利用提供的历史气象资料分析:日照、总辐射、散射辐射和反射辐射随时间的变化规律。

(7) 利用提供的历史气象资料分析气温、地表温度、浅层地温、深层地温的相互关系。

实验二
环境空气质量监测及数据分析

一、实验目的

熟悉环境空气质量自动监测系统的原理及操作方法,利用监测资料分析 SO_2、NO_2、O_3、CO、PM_{10}、$PM_{2.5}$ 六种主要污染物的浓度变化特征,并计算空气污染指数,确定主要污染物;同时能利用气象资料进行污染气象特征分析,并学会分析污染物浓度与气象因子的相关特征。

二、实验原理

环境空气质量自动监测系统是在线式自动环境监测设备,是开展城市环境空气自动监测的主要设备。它主要监测空气中 SO_2、NO_2、CO、O_3、PM_{10}、$PM_{2.5}$ 等污染物的浓度,同时监测主要气象参数,包括温度、湿度、压力、风向、风速等,监测数据的 1 分钟平均值传输给计算机并储存在硬盘上。

1. 紫外荧光法测定 SO_2

空气中 SO_2 分子对波长 190~230 nm 的紫外光吸收最强,适于荧光分析。用紫外光(190~230 nm)激发 SO_2 分子,处于激发态的 SO_2 分子返回基态时发出荧光(240~420 nm),所发出的荧光强度与 SO_2 浓度呈线性关系,则可由此测出 SO_2 的浓度。

$$SO_2 + h\nu \rightarrow SO_2^*$$
$$SO_2^* \rightarrow SO_2 + h\nu$$

2. 化学发光法测定 NO_2

被测空气连续抽入仪器,NO_x 经过 NO_2-NO 转化器后,以 NO 的形式进入反应室。根据 NO 和 O_3 气相发光反应的原理,NO 与 O_3 反应产生激发态 NO_2^*,当 NO_2^* 回到基态时放出光子。光子通过滤光片,被光电倍增管接收,并转变微电流,经放大后测量,电流大小与 NO_x 浓度成正比。气样不经 NO_2-NO 转化器而直接进入反应室,则测到 NO 量。NO_2 量等于 NO_x 量减 NO 量。

$$2NO_2 \xrightarrow{\Delta,\text{钼}} 2NO + O_2$$
$$NO + O_3 \rightarrow NO_2^* + O_2$$
$$NO_2^* \rightarrow h\nu + NO_2$$

3. 紫外吸收式测定 O_3

紫外吸收式原理,即在同一吸收池的光路末端,测出紫外 254 nm 波长的光源经过

O_3 吸收和未经 O_3 吸收后而得到的光电流 I_1 和 I_2，根据比尔-朗伯定律计算出 O_3 浓度。

4. 非分散红外吸收法测定 CO

非分散红外吸收法(NDIR)技术是基于比尔-朗伯气体吸收理论的方法，红外光源发出的红外辐射经过 CO 浓度待测气体吸收后，与 CO 浓度成正比的光谱强度会发生变化，根据光谱强度的变化量可以反演 CO 浓度。

5. Beta 射线法测定 PM_{10}、$PM_{2.5}$

仪器利用恒流抽气泵进行采样，大气中的悬浮颗粒被吸附在 β 源和盖革计数器之间的滤纸表面，抽气前后盖革计数器计数值的改变反映了滤纸上吸附灰尘的质量，由此可以得到单位体积空气中悬浮颗粒的浓度。

三、实验步骤

1. 熟悉环境空气质量自动监测系统

(1) 屏幕区定义。

信息区：屏幕左上角显示日期和时间。屏幕右上角有闪动的 WARM UP，ZERO-REFERENCE，AUTO-CALIBRATION，如果有故障，则显示 ALARM；

测量和设置区：显示测量参数；

状态区和按键功能：显示按键功能、分析仪运行模式和气体进气口等。

(2) 按键功能。

↖ 退出：用于显示上一级菜单或退出当前操作(参数设置等)；

↑ 滚动：用于选择子菜单和需要修改的参数，也用于在修改过程中增加参数的数值；

↓ 滚动：用于选择子菜单和需要修改的参数，也用于在修改过程中减小参数的数值；

← 将光标向左移动(只有在修改数值参数的过程中可用)；

→ 将光标向右移动(只有在修改数值参数的过程中可用)；

* 允许修改参数。

(3) 从环境空气质量自动监测系统小型计算机上读取最近一天的 SO_2、NO_2、CO、O_3、PM_{10} 和 $PM_{2.5}$ 小时浓度值。

2. 环境空气质量指数(AQI)及首要污染物的确定方法

根据《环境空气质量指数(AQI)技术规定》(HJ 633—2012)、《环境空气质量标准》(GB 3095—2012)等国标，计算给定监测资料逐日的环境空气质量指数(AQI)。

环境空气功能区分为两类：一类区为自然保护区、风景名胜和其他需要特殊保护的区域；二类区为居住区、商业交通居民混合区、文化区、工业区和农村地区。

一类区适用一级浓度限值，二类区适用二级浓度限值，一、二类环境空气功能区质量要求见表 2-1 所示。

表 2-1 环境空气污染物基本项目浓度限值

序号	污染物项目	平均时间	浓度限值		单位
			一级	二级	
1	SO₂	年均值	20	20	μg/m³
		24 小时平均	50	150	
		1 小时平均	150	500	
2	NO₂	年均值	40	40	
		24 小时平均	80	80	
		1 小时平均	200	200	
3	CO	24 小时平均	4	4	mg/m³
		1 小时平均	10	10	
4	O₃	日最大 8 小时平均	100	160	
		1 小时平均	160	200	
5	PM₁₀	年均值	40	70	μg/m³
		24 小时平均	50	150	
6	PM₂.₅	年均值	15	35	
		24 小时平均	35	75	

任何情况下,有效的污染物浓度数据均应符合表 2-2 中的最低要求,否则应视为无效数据。

表 2-2 污染物浓度数据有效性的最低要求

污染物项目	平均时间	数据有效性规定
SO₂、NO₂、PM₁₀、PM₂.₅	年平均	每年至少有 324 个日平均浓度值; 每月至少有 27 个日平均浓度值(2 月至少有 25 个日平均浓度值)
SO₂、NO₂、CO、PM₁₀、PM₂.₅	24 小时平均	每日至少有 20 个小时平均浓度值
O₃	8 小时平均	每 8 小时至少有 6 小时平均浓度值
SO₂、NO₂、CO、O₃	1 小时平均	每小时至少有 45 分钟的采样时间

根据《环境空气质量指数(AQI)技术规定》(HJ 633—2012)规定,空气质量日均浓度分指数及对应的污染物项目浓度限值见表 2-3 所示。

表 2-3 空气质量分指数及对应的污染物项目浓度限值

IAQI	0	50	100	150	200	300	400	500
SO_2 日平均浓度($\mu g/m^3$)	0	50	150	475	800	1 600	2 100	2 620
NO_2 日平均浓度($\mu g/m^3$)	0	40	80	180	280	564	750	940
PM_{10} 日平均浓度($\mu g/m^3$)	0	50	150	250	350	420	500	600
$PM_{2.5}$ 日平均浓度($\mu g/m^3$)	0	35	75	115	150	250	350	500
CO 日平均浓度(mg/m^3)	0	2	4	14	24	36	48	60
O_3 8 小时平均浓度($\mu g/m^3$)	0	100	160	215	265	800		
O_3 1 小时平均浓度($\mu g/m^3$)	0	160	200	300	400	800	1 000	1 200

污染物项目 P 的空气质量分指数按式(2.1)计算:

$$IAQI_P = \frac{IAQI_{Hi} - IAQI_{Lo}}{BP_{Hi} - BP_{Lo}}(C_P - BP_{Lo}) \tag{2.1}$$

式中,$IAQI_P$——污染物项目 P 的空气质量分指数;

$\quad C_P$——污染物项目 P 的质量浓度值;

$\quad BP_{Hi}$——表 2-3 中与 C_P 相近的污染物浓度限值的高位值;

$\quad BP_{Lo}$——表 2-3 中与 C_P 相近的污染物浓度限值的低位值;

$\quad IAQI_{Hi}$——表 2-3 中与 BP_{Hi} 对应的空气质量分指数;

$\quad IAQI_{Lo}$——表 2-3 中与 BP_{Lo} 对应的空气质量分指数。

空气质量指数按式(2.2)计算:

$$AQI = \max\{IAQI_1, IAQI_2, IAQI_3, \cdots, IAQI_n\} \tag{2.2}$$

式中,$IAQI$——空气质量分指数;

$\quad n$——污染物项目。

AQI 大于 50 时,$IAQI$ 最大的污染物为首要污染物,若 $IAQI$ 最大的污染物为两项或两项以上时,并列为首要污染物。

$IAQI$ 大于 100 的污染物为超标污染物。

3. 空气质量监测点位日报的发布

日报时间周期为 24 小时,时段为当日零点前 24 小时。日报的指标包括 SO_2、NO_2、CO、PM_{10}、$PM_{2.5}$ 的 24 小时平均,以及 O_3 的日最大 1 小时平均、O_3 的日最大 8 小时滑动平均,共 7 个指标。空气质量指数日报数据格式见表 2-4 所示。

表 2 - 4　空气质量指数日报数据格式

时间	SO₂ 日均		NO₂ 日均		CO 日均		PM₁₀ 日均		PM₂.₅ 日均		O₃ 最大 1 小时		O₃ 最大 8 小时		空气质量指数 (AQI)	首要污染物
	浓度	分指数	浓度	分指数	浓度	分指数	浓度	分指数	浓度	分指数	浓度	分指数	浓度	分指数		

污染物浓度及空气质量分指数（IAQI）

4. 污染气象特征分析

污染物在大气中的扩散和输送受风和温度的空间分布的制约,而大气湍流运动则引起污染物的稀释和再分配。环境空气污染物浓度高低不仅取决于大气污染源排放强度,与污染气象条件的关系也十分密切,因此,分析污染气象特征非常重要。

利用南京大学仙林校区气象站观测的气象资料分析一下污染气象特征:

(1) 温度、湿度特征分析

统计分析仙林地区逐月的平均温度和相对湿度(见表2-5),并绘图表示。

表2-5 逐月平均温度(℃)

月份	1月	2月	3月	4月	5月	6月	7月	8月	9月	10月	11月	12月	平均
气温													
相对湿度													

统计分析仙林地区全年及四季不同时刻的平均温度(见表2-6),并绘图表示。

表2-6 四季及全年逐时平均温度(℃)

时间	1	2	3	4	5	6	7	8	9	10	11	12
春												
夏												
秋												
冬												
年												
时间	13	14	15	16	17	18	19	20	21	22	23	24
春												
夏												
秋												
冬												
年												

(2) 地面风向、风速特征分析

统计分析仙林地区逐月的平均风速(见表2-7),并绘图表示。

表2-7 逐月平均风速(m/s)

月份	1月	2月	3月	4月	5月	6月	7月	8月	9月	10月	11月	12月	平均
风速													

统计分析仙林地区全年及四季不同时刻的平均风速(见表2-8),并绘图表示。

表 2-8　四季及全年逐时平均风速（m/s）

时间	1	2	3	4	5	6	7	8	9	10	11	12
春												
夏												
秋												
冬												
年												

时间	13	14	15	16	17	18	19	20	21	22	23	24
春												
夏												
秋												
冬												
年												

　　统计分析仙林地区四季风向的频率（见表 2-9），并绘出风向玫瑰图。分析不同季节及全年主导风向和频率。

表 2-9　四季及全年风向和频率（%）

风向	春季	夏季	秋季	冬季	全年
N					
NNE					
NE					
ENE					
E					
ESE					
SE					
SSE					
S					
SSW					
SW					
WSW					
W					
WNW					
NW					
NNW					
C					

5. 污染气象与污染物浓度分析

利用南京大学仙林校区气象站观测的气象资料以及环境监测站观测的 SO_2、NO_2、CO、PM_{10}、$PM_{2.5}$、O_3 的小时平均浓度资料进行如下分析：

（1）6 种污染物四季及逐月平均浓度与污染气象特征的关系；

（2）6 种污染物四季不同时刻的平均浓度与污染气象特征的关系；

（3）统计分析不同风向的 6 种污染物平均浓度，分析重要污染源的方位。

四、实验报告

（1）简述实验名称、实验目的、实验原理。

（2）记录瞬时 SO_2、NO_2、CO、O_3、PM_{10} 和 $PM_{2.5}$ 浓度，并将 ppb、ppm 单位换算为国际单位制单位。

（3）分析给定资料 SO_2、NO_2、CO、O_3、PM_{10} 和 $PM_{2.5}$ 浓度的日变化，并绘制污染物浓度日变化曲线图。

（4）分析给定资料 SO_2、NO_2、CO、O_3、PM_{10} 和 $PM_{2.5}$ 日均浓度范围、日均浓度超标率，并给出每日的空气质量指数日报。

（5）统计分析仙林地区污染气象特征。

（6）分析污染气象特征与污染物浓度大小的关系。

实验三

单经纬仪测风及数据处理分析

一、实验目的

学会按固定升速冲灌气球的方法;掌握电子式光学经纬仪的操作使用方法;能够熟练掌握捕捉空中气球方法和技术;编程处理观测资料,并分析边界层风向、风速随高度的变化规律。

二、实验原理

单经纬仪测风是以气球作为示踪物进行跟踪的高空测风方法。充灌氢气的气球由于空气浮力的作用,气球具有上升能力,其轨迹随着水平气流漂移并上升,跟随大气流场的变化而变化。

单经纬仪测风假设气球的上升速度不变,即按"固定升速数值"求取充氢气的净举力值,充灌并施放固定升速气球,用经纬仪观测气球,定时读取气球方位角和仰角,用单经纬仪测风计算程序计算出高空中不同高度的风向、风速。

1. 实验仪器

电子式光学测风经纬仪1台,三脚架1个,测风气球及充氢气设备1套,标准密度升速值及净举力查算表1本。

电子式光学测风经纬仪(如图3-1)是一种集"光、机、电"于一体用于高空风观测的精密仪器。进行观测时,观测员只需人工跟踪气球,经纬仪会自动定时测量气球的仰角和方位角,并通过接口传输到计算机。

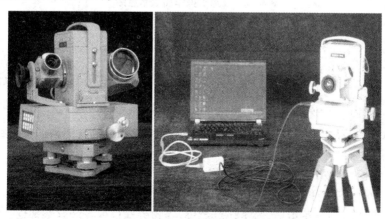

图3-1 GYR1型电子式光学测风经纬仪

(1) 经纬仪的组成

① 光学望远装置:由目镜、小物镜、大物镜和变倍手轮构成。目镜、小物镜和大物镜用于观测气球和放大球影;变倍手轮用于小物镜和大物镜间的转换,以此变换观测的影像倍数。

② 机械转动装置:由方位转动机构、方位角手轮和俯仰转动机构、俯仰手轮构成。方位转动机构、方位角手轮用于调整经纬仪的方向角;俯仰转动机构、俯仰手轮构成用于调整经纬仪的仰角。

③ 水平调整装置:由经纬仪底座上的三个水平调整手轮和水准器构成,用于经纬仪的水平调整。

④ 照明装置:由照明灯和照明线构成,用于夜间观测时照亮分划板上的十字线。

⑤ 操作面板:操作面板上有十个按键,用于操作经纬仪。

⑥ 其他装置:包括指北针、电池、喇叭、通信插座等。

(2) 经纬仪主要技术指标

① 测量误差:≤0.1°

② 测量范围:方位 0°～360°,仰角 −5°～+185°

③ 供电电源:经纬仪专用电池(6V)

④ 放大倍数:大物镜≥25X,小物镜≥5X

⑤ 视场角:大物镜≥2°,小物镜≥10°

(3) 经纬仪操作面板(如图 3−2)

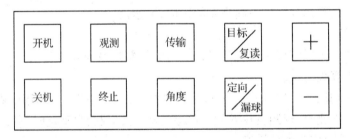

图 3−2 经纬仪操作面板示意图

【开机】:经纬仪开机。

【观测】:

① 结束定向后,按下【观测】键,开始观测。

② 完成自检后,按下【观测】键,播报电池电压。

【终止】:观测中按下【终止】键,结束观测。

【传输】:开机或观测结束后按下【传输】键,将经纬仪保存的观测数据传输到计算机。

【目标】:

① 完成自检后,按下【目标】键,调出已保存的目标物的方位角。

② 过程中,按下【目标】键,播报气球高度。

【复读】:开机或观测结束后,按下【复读】键,播报经纬仪保存的观测数据。

【+】/【−】:

① 在选定定向目标物后,按下【＋】/【－】键,作定向调整。

② 夜间观测时,按下【＋】/【－】键,调节照明亮度。

③ 复读时,按下【＋】/【－】键,播报下/上一组观测数据。

④ 设置采样间隔时,按下【＋】/【－】键,调整采样间隔。

【角度】:播报经纬仪当前方位角和仰角的数值。

【定向】:结束定向。

【漏球】:观测中,按下【漏球】键,"关闭"/"打开"经纬仪的自动采集功能。

【关机】:经纬仪关机。

．净举力查算

利用单经纬仪测风计算高空各气层的平均风向和风速时,有一个假设,即气球升速 w 为固定数值,通常取 100 m/mim。尽管气球的实际升速与理论值有偏差,但仍采用理论值计算不同时刻气球的高度。

根据氢气气球上升运动的受力分析和牛顿第二定律可以导出气球的上升速度 w 为:

$$w = b_1 \left(\frac{\rho_0}{\rho} \right)^{\frac{1}{6}} \cdot \frac{\sqrt{A}}{\sqrt[3]{A+B}} \tag{3.1}$$

式中:B——球皮及附加物质量(g)。附加物包括夜间观测时所加的灯笼和蜡烛、探测温度层结时携带的低空探空仪以及系绳等。

A——净举力(g),是氢气球克服了球皮和附加物质量 B 以及氢气质量之后所余下的净向上的力,即使气球做上升运动的力。当 B 一定时,A 的大小取决于充灌氢气量的多少和空气密度,充灌氢气量越多,空气密度越大,则 A 值越大。令 $A+B=E$,E 称为总举力。

ρ——空气密度,随气温 T 和气压 P 而变。

ρ_0——标准空气密度,即气温为 20℃、气压为 101 325 Pa 时空气的密度,$\rho_0 = 1.205$ kg/m³。

b_1——升速系数,随净举力 A 而变。

将(3.1)式移项得:

$$\left(\frac{\rho_0}{\rho} \right)^{\frac{1}{6}} \cdot w = b_1 \cdot \frac{\sqrt{A}}{\sqrt[3]{A+B}} \tag{3.2}$$

用状态方程 $\rho = \frac{P}{RT}$ 及 $\rho_0 = \frac{P_0}{RT_0}$ 代入(3.2)式,并将 $P_0 = 101\,325$ Pa,$T_0 = 293$ K 代入,得:

$$0.377\,4 \left(\frac{P}{T} \right)^{\frac{1}{6}} \cdot w = b_1 \frac{\sqrt{A}}{\sqrt[3]{A+B}} = w_0 \tag{3.3}$$

(3.3)式中左端的 $0.377\,4 \left(\frac{P}{T} \right)^{\frac{1}{6}} \cdot w$ 相当于标准密度情况下是升速,用 w_0 表示,故 w_0 称为标准密度升速值。当气球升速 w 采用 100 m/min 的固定值,可根据释放气球时测得的地面气温和气压求得标准密度升速 w_0,见表 3-1 所示。

根据 $w_0 = b_1 \dfrac{\sqrt{A}}{\sqrt[3]{A+B}}$ 可以计算出不同标准密度净举力查算表(见表3-2)。式中 b_1 为系数,其值随 A 值的改变而变化。

标准密度升速值和净举力查算方法如下:

(1) 按拟定的升速 100 m/min,用当时的气压 P 和气温 T 查标准密度升速表(见表3-1),查出标准密度升速值 w_0。

(2) 根据查出的标准密度升速值 w_0 和球皮及附加物质量 B 在净举力查算表(见表3-2)中查出净举力 A。

表 3-1 标准密度升速表(升速 100 m/min 适用)

P(hPa) ＼ T(℃)	40	30	20	10	0	−10	−20	−30
1 040	99	100	100	101	102	102	103	104
1 030	99	100	100	101	101	102	103	103
1 020	99	100	100	101	101	102	103	103
1 010	99	99	100	101	101	102	102	103
1 000	99	99	100	100	101	102	102	103
990	99	99	100	100	101	101	102	103
980	98	99	99	100	101	101	102	103
970	98	99	99	100	100	101	102	102
960	98	99	99	100	100	101	102	102
950	98	98	99	99	100	101	101	102
940	98	98	99	99	100	101	101	102
930	97	98	99	99	100	100	101	102
920	97	98	98	99	100	100	101	102
910	97	98	98	99	99	100	101	101
900	97	97	98	99	99	100	100	101
890	97	97	98	98	99	100	100	101
880	97	97	98	98	99	99	100	101
870	96	97	97	98	99	99	100	101
860	96	97	97	98	98	99	100	100
850	96	97	97	98	98	99	100	100

表 3-2　净举力(g)查算表(升速 100 m/min 适用)

气球和附加物重量(g)	标准密度升速值(100 m/min)								
	96	97	98	99	100	101	102	103	104
8	9	9	10	10	10	11	11	11	12
9	10	10	10	11	11	11	12	12	12
10	10	10	11	11	11	12	12	13	13
11	11	11	11	12	12	12	13	13	14
12	11	11	12	12	13	13	13	14	14
13	12	12	12	13	13	13	14	14	15
14	12	12	13	13	13	14	14	15	15
15	12	13	13	14	14	14	15	15	16
16	13	13	14	14	14	15	15	16	16
17	13	14	14	14	15	15	16	16	17
18	14	14	14	15	15	16	16	16	17
19	14	14	15	15	16	16	17	17	18
20	14	15	15	16	16	17	17	18	18
21	15	15	16	16	17	17	17	18	19
22	15	16	16	16	17	17	18	18	19
23	16	16	16	17	17	18	18	19	19
24	16	16	17	17	18	18	19	19	20
25	16	17	17	18	18	19	19	20	20

3. 空中各层风向风速的计算

单经纬仪测风是在假设气球升速在高空不变的前提下,利用一台经纬仪跟踪气球在空中不同时刻的仰角和方位角计算高空风向、风速。

选择气象左手坐标系,即南北方向为 x 轴(北为正)、东西向为 y 轴(东为正)、z 轴指向天顶,如图 3-3 所示。t_{n-1}, t_n 时刻气球在空中的位置分别为 P_{n-1},P_n,在水平面地面点分别为 C_{n-1}, C_n。

假设 t_{n-1} 时刻观测的仰角、方位角分别为 δ_{n-1},α_{n-1}, t_n 时刻观测的仰角、方位角分别为 δ_n, α_n,则 t_{n-1},t_n 时刻气球高度 Z_{n-1}, Z_n 分别为:

$$Z_{n-1} = w \cdot t_{n-1}, \quad Z_n = w \cdot t_n \qquad (3.4)$$

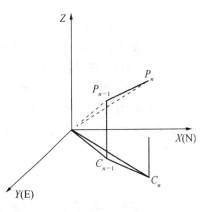

图 3-3　气象左手坐标系示意图

气球水平面投影点 C_{n-1}、C_n 的坐标分量为：

$$\begin{cases} x_{n-1} = |OC_{n-1}| \cdot \cos \alpha_{n-1} = Z_{n-1} \cot \delta_{n-1} \cdot \cos \alpha_{n-1} \\ y_{n-1} = |OC_{n-1}| \cdot \sin \alpha_{n-1} = Z_{n-1} \cot \delta_{n-1} \cdot \sin \alpha_{n-1} \\ x_n = |OC_n| \cdot \cos \alpha_n = Z_n \cot \delta_n \cdot \cos \alpha_n \\ y_n = |OC_n| \cdot \sin \alpha_n = Z_n \cot \delta_n \cdot \sin \alpha_n \end{cases} \tag{3.5}$$

则相应气层 $(Z_n - Z_{n-1})$ 的风速 $\bar{v}_n$：

$$\bar{v}_n = \sqrt{\Delta X^2 + \Delta Y^2} / \Delta t \tag{3.6}$$

式中，Δt 为相邻两次观测的时间间隔，$\Delta X = (x_n - x_{n-1})$，$\Delta Y = (y_n - y_{n-1})$。

风向 $\overline{D_n}$ 由下式确定：

$$\overline{D_n} = \begin{cases} 270° - \arctan\left(\dfrac{\Delta X}{\Delta Y}\right) & \text{当 } \Delta Y > 0 \\ 90° - \arctan\left(\dfrac{\Delta X}{\Delta Y}\right) & \text{当 } \Delta Y < 0 \\ 180° & \text{当 } \Delta X > 0, \Delta Y = 0 \\ 0° & \text{当 } \Delta X < 0, \Delta Y = 0 \end{cases} \tag{3.7}$$

4. 风速幂指数计算

在近地层(250 米以下)风速随高度的变化可用幂指数表示，其表达式为：

$$U_2 = U_1 \left(\frac{Z_2}{Z_1}\right)^P \tag{3.8}$$

式中，U_1，U_2 分别为高度 Z_1，Z_2 处的风速(m/s)；P 为风廓线指数。

三、实验步骤

1. 气球充灌

(1) 按天气条件确定气球颜色。晴空少云、垂直能见度好、天空蓝色时用白色球；多中高云，或有轻度雾霾时用红色球；多低云、阴天用黑色球。

(2) 充灌氢气用的工具是测风平衡器。平衡器由杯口、顶杆活门、插头进气嘴、垫圈形砝码、砝码固定螺旋等组成。

(3) 在释放前 15 min 开始充灌气球。

(4) 采用当时的气温、气压、气球和附加物质量(晚上含照明质量)查取净举力，在测风平衡器上加好砝码，所加砝码与平衡器质量之和应等于净举力与气球和附加物质量之和，即：

$$E = A + B = \text{平衡器质量} + \text{砝码质量}$$

(5) 将气球嘴紧扎于平衡器杯口，将球内空气挤出，拧紧平衡器开关螺钉；用皮管将平衡器充气嘴与氢气瓶相连，拧松平衡器开关螺钉，轻轻打开氢气瓶开关，向气球缓缓冲气，直到气球在空中平衡为止(应取下皮管)，用细绳扎紧气球(扎两道)。

2. 测风经纬仪安装、调试和使用

(1) 安装经纬仪

① 经纬仪应设置在开阔地域(四周遮蔽物尽量小)。

② 拉开并牢固地架设三脚架,顶面尽量调整至水平位置,使顶面与观测员的第二颗衣扣同高。

③ 从箱内取出经纬仪,用三脚架顶面中心螺钉把经纬仪牢固地固定在三脚架顶面上。

(2) 水平调整

① 转动经纬仪,使水准器与三个水平调节螺钉中的任意两个平行,调节这两个水平调整手轮,使水准器中的气泡位于中央。

② 将水准器转过 90°,再调节另一个水平调整手轮,使气泡居中,这时经纬仪转动到任一位置上,水准器气泡偏离中心不得大于 1 格,否则,应重复上述调节步骤以至符合要求为止。

(3) 开机并自检

① 开机:按住【开机】键,听到"滴"一声,经纬仪开机。

② 方位自检:用手缓慢地顺着一个方向旋转"方位转动装置",当听到"滴"一声即表示方位自检完成。

③ 仰角自检:用手缓慢地从大约 45°位置起,顺着一个方向旋转"俯仰转动装置",转过天顶(约为 90°仰角)位置,当听到"滴"一声即表示仰角自检完成。

④ 检查电池电压:完成自检后,按下【观测】键,播报电池电压。如听到"电压 6 745",即表示此时电池电压为 6.754 5 V。如果电池电压低于 5.750 V,经纬仪会报警提示"请更换电池"。

(4) 方位定向调整

① 经纬仪一共可以存储 4 个目标物的方位,在完成自检后,可根据观测时的实际情况用【目标】键来选择一个目标物,并用主望远镜对准目标物。

② 按下【目标】键,如果播报的当前方位角数值与目标物的方位角数值不相等,则利用【＋】、【－】键进行方位定向调整,直到两者相等为止。具体调整方法如下:

按住【＋】(或【－】)键不放,听到一声"滴",表示增加(或减少)了 0.1°;

按住【＋】(或【－】)键不放,听到两声"滴",表示增加(或减少)了 1.0°;

按住【＋】(或【－】)键不放,听到三声"滴",表示增加(或减少)了 10.0°。

③ 调整完毕后,按下【定向】键结束定向。

(5) 观测

① 在释放气球的同时按下【观测】键,开始观测。

② 观测开始时,在每个采样点的前 3 秒钟,经纬仪语音提示"准备",此时观测人员应集中精力操作经纬仪,使气球落在十字线中心;当到达每个采样点时,经纬仪语音提示"滴",并自动采集气球当前的仰角和方位角。

③ 在观测过程中,若由于某种原因而丢球,应立刻按下【漏球】键,经纬仪将关闭自动采集功能,到采样点时提示"缺测",并按缺测处理。如果丢球后又抓到球了,应立刻再次

按下【漏球】键,经纬仪将恢复自动采集功能。

④ 当球影消失或其他原因,需要终止观测时,立即按下【终止】键,观测结束。

(6) 数据传输并关机

① 按图 3-4 所示的通信线路示意图,将经纬仪与计算机连接好。

② 按下【传输】键,经纬仪将本次观测数据传输到计算机,其结果如图 3-5 所示。

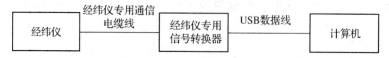

图 3-4　通信线路连接示意图

```
s5157320090707.07.L.txt - 写字板
文件(F)  编辑(E)  查看(V)  插入(I)  格式(O)  帮助(H)
```

1	64.02	236.95
2	57.76	209.05
3	59.26	199.17
4	57.67	189.45
5	57.12	172.57
6	55.87	161.73
7	54.97	157.55
8	56.76	157.94
9	62.21	162.10
10	67.48	166.73
11	72.44	168.80
12	77.40	172.64
13	81.42	191.72
14	83.14	221.60
15	84.81	252.56
16	85.59	306.91
17	83.06	353.39
18	77.67	8.47
19	72.83	16.39
20	68.34	22.89
21	65.09	26.97

图 3-5　计算机显示的仰角、方位角

③ 按下【关机】键,听到音乐声,经纬仪关机。

3. 观测数据要求

要求每位同学进行至少 2 次观测,每次应有 20 组有效数据,并把观测数据填入表 3-3 中。

表 3－3　　观测数据一览表

组	第一组(时间：月　日　时　分)		第二组(时间：月　日　时　分)	
角度	仰角	方位角	仰角	方位角
1				
2				
3				
4				
5				
6				
7				
8				
9				
10				
11				
12				
13				
14				
15				
16				
17				
18				
19				
20				

四、实验报告

（1）简述实验名称、实验原理、实验步骤。

（2）列出 2 组观测的仰角和方位角，并用其中一组观测数据计算出不同高度的风向、风速。

（3）利用实测风速采用最小二乘法拟合出风速幂指数。

（4）论述实验的误差分析。

实验四

双经纬仪测风及编程计算

一、实验目的

掌握双经纬仪测风的实施要点和计算方法,了解双经纬仪测风方法的优点,利用观测数据,应用矢量法计算高空风向、风速。

二、实验原理

单经纬仪测风法是立足于气球升速不变的基础上,实际上,气球升速随空气密度、阻力系数的变化以及氢气泄漏而变化,且垂直气流对升速影响较大,导致固定升速并不固定,引起测风误差,在某些情况下误差较大。为了能够更加准确地测定高空风向风速,就需要准确地测定气球所在的高度,再求得较为准确的高空风向风速,双经纬仪测风——基线测风就可以实现这样的目标。

双经纬仪测风——基线测风是将两架经纬仪分别架设在已知距离的两个端点上,同时观测空中漂移的一个气球的运动,得到气球在空中的仰角和方位角,通过三角函数计算公式确定气球的高度,以求得高空风向风速。双经纬仪测风中无需假设气球等速上升,测得的高空风向风速精度较高。

1. 实验仪器

测风经纬仪 2 台(含三脚架),测杆 1 根,50 米皮尺 1 卷,无线电对讲机 1 副。

2. 测量基线

基线是指分别安置经纬仪的两点之间的连线,两点可以有一定的高度差,基线的长度、高差和方位对计算高空风向风速有直接影响。

(1)假设双经纬仪观测点分别为 A、B 两点(如图 4-1),确定主观点为测点 A,由 A 起始的基线走向应与探测高度内盛行风向垂直。

(2)基线长度应以欲测风层最大高度的 $\frac{1}{5} \sim \frac{2}{5}$ 为宜。

(3)在测点 A 附近竖立测杆 A',用皮尺测量测点 A 与测杆 A' 之间的长度 L、测量 $\angle A'AB$ 的角度、测量 $\angle BAN$ 的角度、测量 $\angle BAB'$ 的角度。

(4)测点 B 需要测量 $\angle A'BA$ 的角度、$\angle ABO$ 的角度。

由正弦律可得:

$$|AB| = L\sin(180 - \angle A'AB - \angle A'BA)/\sin\angle A'BA \qquad (4.1)$$

基线水平长度 s:

$$s=|AB'|=|AB|\cos\big[(\angle BAB'+|\angle ABO|)/2\big] \tag{4.2}$$

基线水平长度 h：

$$h=|BB'|=|AB|\sin\big[(\angle BAB'+|\angle ABO|)2\big] \tag{4.3}$$

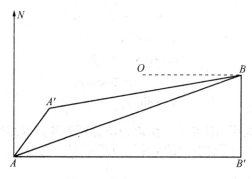

图 4-1　三角法测量基线参数示意图

3. 矢量法确定气球高度及风向风速的计算

如图 4-2 所示，A,B 表示两台经纬仪的位置，其高差为 h，水平距离为 s，DC 是 $\overrightarrow{AD}$ 和 $\overrightarrow{BC}$ 的空间距离，称为"短线"，可作为检验原始数据的误差指标。$\overrightarrow{AD},\overrightarrow{BC}$ 表示在同一时刻由 A,B 两点指向气球的方向矢量。气球在空间的最大可能的位置应该是短线 $\overrightarrow{DC}$ 上的某一点 M 处(理论上 $\overrightarrow{AD}$ 和 $\overrightarrow{BC}$ 两条射线在空中应该相交，但是在实践中由于种种原因两条射线相交的频率相当低)，M 点可按照 $\overrightarrow{AD}$ 和 $\overrightarrow{BC}$ 的长度之比内分而得。根据矢量法表示法有：

$$\begin{cases} \overrightarrow{AD}=r_1(a_1\vec{i}+a_2\vec{j}+a_3\vec{k}) \\ \overrightarrow{BC}=r_2(b_1\vec{i}+b_2\vec{j}+b_3\vec{k}) \\ \overrightarrow{DC}=r_3(c_1\vec{i}+c_2\vec{j}+c_3\vec{k}) \\ \overrightarrow{AB}=s\vec{j}+h\vec{k} \end{cases} \tag{4.4}$$

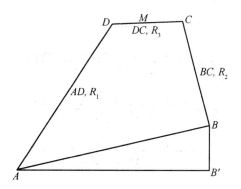

图 4-2　矢量法确定气球空间坐标

建立基线坐标系,即 A 点经纬仪对准 B 点时的方位角调整为 $180°$,B 点经纬仪对准 A 点时的方位角调整为 $0°$;以 A 点为坐标原点,基线 AB 为 y 轴,y 轴正向为 $180°$,x 轴与 y 轴垂直并按左手法则建立水平坐标系,方位角沿顺时针方向增加,则:

$$a_1 = \cos \delta_n \sin \alpha_n$$
$$a_2 = -\cos \delta_n \cos \alpha_n$$
$$a_3 = \sin \delta_n$$
$$b_1 = \cos \gamma_n \sin \beta_n$$
$$b_2 = -\cos \gamma_n \cos \beta_n$$
$$b_3 = \sin \gamma_n$$

式中,δ,α 分别为 A 点观测的仰角和方位角,γ,β 分别为 B 点观测的仰角和方位角。

因为 $\overrightarrow{DC} \perp \overrightarrow{AD}$,$\overrightarrow{DC} \perp \overrightarrow{BC}$,所以 $\overrightarrow{DC} \cdot \overrightarrow{AD} = \overrightarrow{DC} \cdot \overrightarrow{BC} = 0$,即有:

$$a_1 c_1 + a_2 c_2 + a_3 c_3 = 0$$
$$b_1 c_1 + b_2 c_2 + b_3 c_3 = 0$$
$$c_1^2 + c_2^2 + c_3^2 = 1$$

令 $M = a_3 b_2 - a_2 b_3$,$N = a_1 b_3 - a_3 b_1$,$T = a_2 b_1 - a_1 b_2$,$\Delta = \sqrt{M^2 + N^2 + T^2}$,可解得:

$$c_1 = M/\Delta, c_2 = N/\Delta, c_3 = T/\Delta \tag{4.5}$$

由矢量方程 $\overrightarrow{AD} + \overrightarrow{DC} = \overrightarrow{AB} + \overrightarrow{BC} = \overrightarrow{AC}$,即:

$$r_1(a_1 \vec{i} + a_2 \vec{j} + a_3 \vec{k}) + r_3(c_1 \vec{i} + c_2 \vec{j} + c_3 \vec{k}) = s\vec{j} + h\vec{k} + r_2(b_1 \vec{i} + b_2 \vec{j} + b_3 \vec{k})$$

按等号两边各分量相等的原则,可得三个标量方程:

$$a_1 r_1 - b_1 r_2 + c_1 r_3 = 0$$
$$a_2 r_1 - b_2 r_2 + c_2 r_3 = s$$
$$a_3 r_1 - b_3 r_2 + c_3 r_3 = h$$

可解得:

$$r_1 = \frac{s(b_1 c_3 - b_3 c_1) + h(b_2 c_1 - b_1 c_2)}{c_1 M + c_2 N + c_3 T} \tag{4.6}$$

$$r_2 = \frac{s(a_1 c_3 - a_3 c_1) + h(a_2 c_1 - a_1 c_2)}{c_1 M + c_2 N + c_3 T} \tag{4.7}$$

$$r_3 = \frac{s(a_1 b_3 - a_3 b_1) + h(a_2 b_1 - a_1 b_2)}{c_1 M + c_2 N + c_3 T} \tag{4.8}$$

利用内分法,可得:

$$x_n = r_1 a_1 + \frac{r_1 r_3}{r_1 + r_2} \cdot c_1 \tag{4.9}$$

$$y_n = r_1 a_2 + \frac{r_1 r_3}{r_1 + r_2} \cdot c_2 \tag{4.10}$$

$$z_n = r_1 a_3 + \frac{r_1 r_3}{r_1 + r_2} \cdot c_3 \tag{4.11}$$

气球离 A 点的水平距离 L_n 为：

$$L_n = \sqrt{x_n^2 + y_n^2} \tag{4.12}$$

以上 (x, y, z) 是基线坐标系，应转化为气象左手坐标系 (x', y', z')，则有：

$$x'_n = L_n \cos(\alpha_n - 360° + \alpha_b) \tag{4.13}$$

$$y'_n = L_n \sin(\alpha_n - 360° + \alpha_b) \tag{4.14}$$

$$z'_n = z_n \tag{4.15}$$

到此即可计算风速、风向。令 Δt 为相邻两次观测的时间间隔，$\Delta X = y_n - y'_{n-1}$，$\Delta Y = x_n - x'_{n-1}$，则风速、风向分别为：

$$\overline{v}_n = \sqrt{\Delta X^2 + \Delta Y^2} / \Delta t \tag{4.16}$$

$$\overline{D}_n = \begin{cases} 270° - \arctan\left(\dfrac{\Delta X}{\Delta Y}\right) & \text{当 } \Delta Y > 0 \\ 90° - \arctan\left(\dfrac{\Delta X}{\Delta Y}\right) & \text{当 } \Delta Y < 0 \\ 180° & \text{当 } \Delta X > 0, \Delta Y = 0 \\ 0° & \text{当 } \Delta X < 0, \Delta Y = 0 \end{cases} \tag{4.17}$$

如果经纬仪的读数精度为 $0.1°$，则由读数造成的最大允许误差为：

$$r_4 = 0.05(r_1 + r_2)/57.296 \tag{4.18}$$

矢量算法的特点：

（1）一般的投影法（水平面投影法、垂直面投影法）是以假设 A、B 测点两条射线在空中必然相交为依据的，并利用两台经纬仪观测的两个仰角和两个方位角计算出气球的三维坐标，但由于仪器误差和人为操作误差等原因，两条射线在空中相交是非常困难的，使得计算出的风向、风速存在一定的误差。矢量算法考虑了两条射线一般情况下不能相交的事实，而认为气球的位置在两条空间最短距离线上，并按比例确定其位置，使用两台经纬仪观测到的全部仰角和方位角计算气球的坐标值，给出唯一的一组解，提高了计算精度。

（2）矢量算法给出了误差指标，即两条射线之间的距离。若 r_3 数值远远大于最大允许误差 r_4，说明原始观测数据不可靠，r_3 起到对原始数据检验的作用。

（3）用水平面投影法，在气球接近基线时容易造成明显的误差，为此需要改为繁琐的垂直面投影法计算。用矢量算法，即使在基线附近仍能得到较满意的计算结果，从而避免了投影法的缺憾。

三、实验步骤

1. 经纬仪架设与定向

（1）在基线两端架设好测风经纬仪,调试好经纬仪各参数,其方法见实验三。

（2）将 A 点经纬仪调正北(北极星法或磁针法确定正北),调整方位角为 $0°$,然后瞄准 B 点经纬仪,读取基线坐标方位角 $α_b$。

（3）基线定向:两经纬仪相互瞄准,A 点经纬仪的方位调整到 $180°$,B 点经纬仪的方位调整到 $0°$。

（4）在测点 A 附近竖立测杆 A',用皮尺测量测点 A 与测杆 A' 之间的长度,测量 $∠A'AB$ 的角度,测量 $∠BAB'$ 的角度。

（5）测点 B 需要测量 $∠A'BA$ 的角度、$∠ABO$ 的角度。

表 4－1　测量基线一览表

测点 A		测点 B		基线	
项目	数值	项目	数值	项目	数值
AA'长度		$∠A'BA(°)$		方位角 $α_b(°)$	
$∠A'AB(°)$		$∠ABO(°)$		水平距离 $s(m)$	
$∠BAB'(°)$				高差 $h(m)$	

2. 气球观测

（1）释放气球,两观测点同时按下【观测】键,开始观测;当球影消失或其他原因,需要终止观测时,立即按下【终止】键,观测结束。

（2）数据传输并关机:按下【传输】键,经纬仪将本次观测数据传输到计算机;按下【关机】键,听到音乐声,经纬仪关机。

3. 观测数据要求

要求测点 A,B 测点同时观测 1 次,有 20 组有效数据,并把观测数据填入表 4－2 中。

表 4－2　观测数据一览表

测点	A（观测员　　　）		B（观测员　　　）	
角度	仰角	方位角	仰角	方位角
1				
2				
3				
4				
5				
6				

测点	A(观测员　　　)		B(观测员　　　)	
角度	仰角	方位角	仰角	方位角
7				
8				
9				
10				
11				
12				
13				
14				
15				
16				
17				
18				
19				
20				

四、实验报告

(1) 简述实验名称、实验步骤、实验原理。

(2) 列出每组观测的仰角和方位角,并用矢量法计算出不同高度的风向、风速。

序号	高度 (m)	风速 (m/s)	风向 (°)	r_1 (m)	r_2 (m)	r_3 (m)	r_4 (m)
1							
2							
3							
4							
5							
6							
7							
8							
9							
10							

序号	高度 (m)	风速 (m/s)	风向 (°)	r_1 (m)	r_2 (m)	r_3 (m)	r_4 (m)
11							
12							
13							
14							
15							
16							
17							
18							
19							
20							

（3）利用实测风速采用最小二乘法拟合出风速幂指数。

（4）对矢量法中 r_3 的计算式给出具体定义（绘图）。

（5）对每组计算数据进行计算误差分析。

（6）分析整个实验误差。

实验五

涡度相关系统观测及其数据分析

一、实验目的

掌握涡度相关系统观测的原理,学会利用脉动观测数据资料计算动量通量、摩擦风速、感热通量、潜热(水汽)通量、CO_2 通量等气象要素。

二、实验原理

涡度相关系统(开路涡度协方差测量系统)是一种通过快速测定大气的物理量(如温度、水汽浓度、CO_2 浓度等)与垂直风速的协方差来计算湍流通量的方法,它是一种将大气湍流理论和数据统计分析相结合的技术。

涡度相关系统主要用于监测不同类型地表与大气间 CO_2、H_2O 和能量交换信息的有效手段,为分析地圈—生物圈—大气圈的相互作用,评价陆地生态系统在碳循环中的作用提供重要的数据基础,为大尺度、长期和连续的科学研究提供支撑。

所谓通量就是单位时间、单位面积内通过了多少物质或能量的大小,通量取决于:

① 通过面积的物质或能量的量;

② 物质或能量通过的面积大小;

③ 通过关注面积的时间是多长。

涡动相关通量测量的主要假设:

① 在 A 点测量应该代表以 A 点为起点的整个上风向区域;

② 测量在感兴趣的边界层内进行(常通量层);

③ 对于某一测量,源区面积要足够大,这样测量通量才仅代表感兴趣的区域;

④ 净垂直通量是通过湍涡产生的;

⑤ 仪器可以以很高的频率探测非常小的变化;

⑥ 在一个适当的时间间隔内,没有干空气的垂直质量流(即平均垂直风速为零)。

1. 实验仪器

本实验采用美国 Campbell 公司 EC150 开路涡动协方差系统作为实验仪器,该系统包括数据采集器(CR3000)及存储单元、超声风速温度仪(CSAT3)及 CO_2/H_2O 分析仪(EC150)、空气温湿度探头(HMP155A)、专业软件、系统供电单元及系统支架等。

CSAT3 三维超声风速仪(如图 5-1)垂直测量路径为 10 cm,采用脉冲声学模式工作,可以暴露在恶劣天气条件下工作。三相正交风速分量(u', v', w')和声速(C)可以以最大 60 Hz 的频率测量和输出,本实验观测采用 10 Hz。其水平风量程 65 m/s,垂直风量程 8 m/s;瞬时测量分辨率:u', v' 为 1 mm/s,w' 为 0.5 mm/s,C 为 1 mm/s;风速测量误差为：u'，v' 为＜±4.0 cm/s，w' 为＜±2.0 cm/s。

HMP155A 是 Vaisala 公司推出的一款性能优异的温度和相对湿度传感器（如图 5-2）。湿度测量基于电容性高分子薄膜传感器 HUMICAP® 180R，温度测量基于电阻性铂传感器（Pt100）。湿度测量范围：0.8～100%RH，精度：±（1.0＋0.008×读数）%RH；温度测量范围：−80℃～＋60℃，精度：±0.17℃。

利用 CO_2/H_2O 分析仪（EC150）测量 CO_2 和 H_2O 浓度脉动值（如图 5-3）。利用不同波长的红外光，在垂直测量路径为 20 cm 处测量 CO_2 和 H_2O 浓度脉动值。测量范围：CO_2 为 0～1 830 mg/m³，H_2O 为 0～42 g/m³，气压为 75～105 kPa；噪声 RMS（最大值）：CO_2 为 0.2 mg/m³，H_2O 为 0.003 50 g/m³。

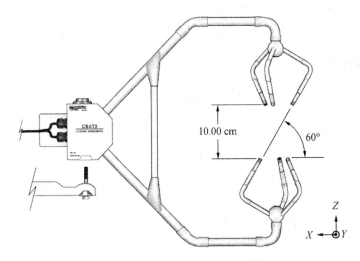

图 5-1　CSAT3 三维超声风速仪

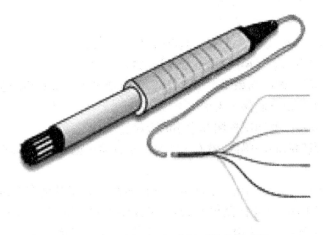

图 5-2　HMP155A 温度相对湿度传感器

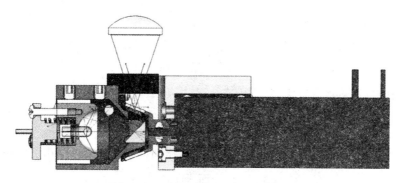

图 5-3　EC150 型 CO_2/H_2O 分析仪

2. 实验原理

涡度相关系统实际运行中,超声风速仪高频响应三维风速(u',v',w')和虚温(T_S),CO_2/H_2O 分析仪高频响应 CO_2 和 H_2O 的浓度,数据采集器实时采集这些变量数据,并对其做同步处理,之后在线计算得到感热通量、潜热(水汽)通量、CO_2通量、动量通量及摩擦风速,以及这些数据所需的协方差/均值等,并将计算结果保存在数据采集单元,与此同时,各种高频变量的原始数据也会保存在数据采集单元中,用户可以对这些原始数据进行后期处理(分析和插补),从而获得理想通量数据。

（1）三维超声风速温度仪原理

如收发两个探头之间的声程为 d,测得的顺风和逆风向声传播时间分别为 t_1 和 t_2,如图 5-4 所示,则:

$$t_1 = \frac{d}{(c + V_d)} \tag{5.1}$$

$$t_2 = \frac{d}{(c - V_d)} \tag{5.2}$$

由下式计算沿着声程方向的风速分量 V_d：

$$V_d = \frac{d}{2}\left(\frac{1}{t_2} - \frac{1}{t_1}\right) \tag{5.3}$$

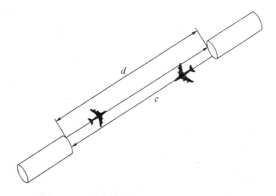

图 5-4　超声风速温度仪测量原理示意图

温度脉动则由声速 c 换算：

$$c = \frac{d}{2}\left(\frac{1}{t_2} + \frac{1}{t_1}\right) \tag{5.4}$$

声速与空气温湿度等有关，物理上有

$$c = 20.067\sqrt{T(1+0.3192e/P)} = 20.067\sqrt{T_S} \tag{5.5}$$

其中，T 为空气温度[K]，e 和 P 分别为水汽压和气压。超声仪输出的实际上是：

$$T_S = T(1+0.3192e/P) \tag{5.6}$$

它称为超声虚温。空气的虚温为 $T_v = T(1+0.378e/P)$，与超声虚温有微小差异。

（2）CO_2/H_2O 分析仪（EC150）工作原理

EC150 的探测器由红外线光源检测器、4 种波段的滤光片组成的截光器、透镜、窗等部分组成。滤光片的中心波长是 CO_2 和 H_2O 的吸收波长（$4.3\ \mu m$，$2.7\ \mu m$）以及不吸收的参照波长（$4\ \mu m$，$2.3\ \mu m$），由高速旋转截光器的滤光片顺次通路，通过检测器顺次测定出透过滤光片的辐射强度，吸收波长与参照波长之比为透过率，即吸收率，吸收率与气体密度成正比。

三、实验步骤

1. 仪器设备介绍

本实验使用的 EC150 开路涡动协方差系统日常正常使用，通过对仪器设备进行讲解，使学生了解和掌握 EC150 开路涡动协方差系统各个组成部分及其工作原理；通过计算机实时监测结果和历史资料，了解观测的各个脉动量（u'，v'，w'，T'，C'_{CO_2}、C'_{H_2O}）的变化规律。

2. 涡动相关原始数据

本实验采用的涡动相关系统采样频率为 10 Hz，原始数据包括时间、三维风速（U_x，U_y，U_z）、CO_2 浓度、H_2O 浓度、虚温 T_S、气压 press，见表 5-1 所示。

表 5-1 涡动相关系统原始数据

TIME T_S	U_x m/s	U_y m/s	U_z m/s	CO_2 mg/m³	H_2O g/m³	T_S ℃	press kPa
2005-7-28 0:00	−0.195	−0.664	0.042	900.02	21.99	27.99	100.52
00:01.1	−1.075	−2.192	−0.46	902.37	21.99	28.78	100.44
00:01.2	−0.208	−0.668	0.044	903.6	21.98	28.04	100.54
00:01.3	−0.200	−0.67	0.035	905.21	21.97	28.05	100.52
00:01.4	−0.203	−0.668	0.03	902.32	21.99	28.04	100.56
00:01.5	−0.204	−0.668	0.029	901.71	21.98	28.04	100.5
00:01.6	−1.078	−2.195	−0.472	893.36	21.99	28.82	100.52
00:01.7	−0.212	−0.668	0.037	882.72	22.00	28.06	100.47

TIME	U_x	U_y	U_z	CO_2	H_2O	T_S	press
T_S	m/s	m/s	m/s	mg/m³	g/m³	℃	kPa
00:01.8	−0.211	−0.668	0.036	873.58	22.02	28.05	100.48
00:01.9	−0.208	−0.671	0.033	868.90	22.01	28.04	100.51
2005－7－28 0:00	−0.199	−0.673	0.028	864.70	22.03	28.02	100.52
00:02.1	−1.064	−2.205	−0.479	860.82	22.02	28.79	100.54
00:02.2	−0.193	−0.674	0.027	859.32	22.03	28.01	100.47

3. 湍流资料的质量控制和质量保证

由于环境因子,如雨、雪、尘埃等对传感器声光程的干扰,瞬间断电或者仪器故障及传输记录过程中的一些原因,如 A/D 转换器、电缆、电源不稳定等,湍流观测实验中会出现一些异常数据,这些异常数据对方差、协方差计算数值会产生明显影响。因此,在对这些湍流数据进行分析研究之前,必须对其进行质量控制,主要包含以下 4 个步骤。

(1)查找野点。主要挑出不符合一般气候统计特征以及物理上解释不通的数据。例如,北京历史最低温度是 1967 年 12 月 8 日的−16.0℃,历史最高温度是 1942 年 6 月 15 日的 42.6℃,因此,对于在北京地区的观测实验,对超过该阈值的观测资料,都可以视为野点。为了最大限度保护原始资料,考虑到各物理量的湍流脉动性质,对各气象要素,推荐的取值范围为:水平风速:0～50 m·s⁻¹,垂直风速:0～5 m·s⁻¹,温度:−20℃～50℃,湿度:1～30 g·m⁻³,CO_2浓度:600～1 200 mg·m⁻³。当然,针对不同的实验,这些气象要素的取值还需要调整,例如,台风天气形势下的湍流观测资料,风速的取值就要大很多。

(2)查找随机脉冲。由于传感器上的水汽凝结等原因会导致数据接收系统和数据传输系统产生一些随机脉冲,因此,进行质量控制时,需要查找出这些随机脉冲。对于均值为 μ,方差为 σ 的 Gauss 型分布的随机变量,从其概率密度分布上来看,其基本上只在区间$[\mu-2\sigma,\mu-2\sigma]$内取值(94.44%),取值落在$[\mu-3\sigma,\mu-3\sigma]$之外的可能性不到 3%。而对于左右对称的指数分布型随机变量,其取值更向均值靠近。然而,由于湍流间歇性和相干结构的普遍存在,实际大气湍流资料概率密度分布存在很多不对称的情况,有时存在很大的偏斜度,因此,概率密度分布图中会出现长尾现象。

实验中,先求出 $\Delta X_i = X_{i+2} - X_i$ 的概率密度分布及其方差,然后将$|\Delta X|>n\sigma$ 的值视为随机脉冲。考虑湍流资料中概率密度分布的长尾现象,为了最大限度地保护原有资料,避免误将间歇性信号剔除,对于风速资料,推荐取 $n=4$;而对于温度和湿度这样的标量,取 $n=5$。这样对原始资料进行质量控制时只剔除很明显的随机脉冲。

(3)人工查找。经过前面两步的质量控制,资料中可能还存在一些问题数据,必须经过人工进一步查找保证数据质量。

(4)数据插值。经过上面的处理,资料中的问题数据已经标记出来,对于这些质量不好的数据,推荐利用下式插值替换:

$$x_i = x_{i-1}R_m + (1-R_m)X_m \tag{5.7}$$

其中 x_i 代表观测数据，i 代表数据位置，R_m 是 x_i 前面的 m 个数据的相关系数，X_m 是 x_i 前面的 m 个数据的平均值，取 $m=100$，则前面 $m+1$ 个数据的平均值和相关系数分别为：

$$X_{m,i} = X_{m,i-1} \times (1-1/M) + x_i/M \qquad (5.8)$$

$$R_{m,i} = R_{m,i-1} \times (1-1/M) + (x_i - X_{m,i})/(x_{i-1} - X_{m,i-1}) \qquad (5.9)$$

该插值方法的优点在于保证了插值前后的湍流资料的平均值和相关系数是一致的。

4. 理想条件下的地气通量计算

从物质能量守恒方程出发，假设湍流观测实验满足以下条件：① 平稳（定常）湍流；② 水平均匀（平流可以忽略）；③ 近地面存在常通量层；④ 影响通量的各种度的涡旋都已被测到；⑤ 测量到的通量代表仪器所在的下垫面。此时，湍流输送为观测高度上地气通量输送的唯一机制，可以利用涡度相关法计算地气通量。对物质通量有：

$$F(\rho_\xi) = \overline{\rho w \xi}\,|_{\delta z} \qquad (5.10)$$

对动量通量有：

$$-\tau_\xi = \overline{\rho_d u w}\,|_{\delta z} + \overline{\rho_v u w}\,|_{\delta z} \qquad (5.11)$$

对感热通量有：

$$\begin{aligned}
H &\equiv F(\rho c_p T) \sim c_p F(\rho T) = c_p \overline{\rho w T} \\
&= c_p (\overline{\rho w T} + \overline{\rho w' T'} + \overline{w \rho' T'} + \overline{T w' \rho'} + \overline{\rho' w' T'})
\end{aligned} \qquad (5.12)$$

5. Webb 修正

上面简化后的物质、动量和感热通量计算公式都含有普遍形式 $\overline{w \xi}$，利用雷诺平均，可以将 $\overline{w \xi}$ 分解为如下的形式：$F(\xi) = \overline{w \xi} = \overline{w}\,\overline{\xi} + \overline{w' \xi'}$。

而在前面的假设中，在利用涡度相关法计算通量时，我们假设了平均垂直速度 $\overline{w}$ 是为零的，而实际的实验资料也表明，$\overline{w}$ 的量级的确非常小（~ 0.1 mm/s）。但是实际上，平均垂直速度是客观存在的，其通量输送的贡献也非常大。

在安装超声风速仪时，我们不能保证仪器绝对垂直于下垫面，尤其是长期垂直于下垫面，然而水平方向风速的一个很小的分量也会对平均垂直速度产生很大的影响。假设超声风速仪的垂直方向与下垫面的法线之间存在 $0.1°$ 的夹角（这个角度属于安装超声风速仪时的误差允许范围），水平风速为 2 m/s，那么此时水平风速在超声风速仪垂直方向上的分量约是 0.1 mm/s，与实际的平均垂直速度 $\overline{w}$ 的量级相当。因此，我们不能直接利用超声风速仪所测的垂直风速平均求其平均垂直速度。

为了计算 $\overline{w}$，Webb 等假设干空气通量为零，从理想气体状态方程出发，间接给出了求解平均垂直速度的表达式：

$$\overline{w} = (1+\mu\sigma+k)\frac{\overline{w'T'}}{T} + \mu\sigma\frac{\overline{w'\rho'_v}}{\rho_v} \qquad (5.13)$$

其中，$\mu \equiv m_a/m_v \sim 1.6$，$\sigma \equiv \bar{\rho}_a/\bar{\rho}_v \sim 0.015$，$m_a$ 为干空气平均分子量，m_v 为水气分子量，$\bar{\rho}_a$ 为

干空气平均密度，$\overline{\rho_v}$ 为水汽密度。

如果考虑地表摩擦作用，此时 $\overline{w}$ 为：

$$\overline{w}=(1+\mu\sigma+k)\frac{\overline{w'T'}}{\overline{T}}+\mu\sigma\frac{\overline{w'\rho'_v}}{\overline{\rho_v}}+2k\frac{\overline{w'u'}}{\overline{u}} \qquad (5.14)$$

这里，$k\equiv\overline{\rho}\,\overline{u}^2/2\overline{p}$，其中 $\overline{\rho}$ 为空气密度，$\overline{p}$ 为气压。由该方程可见，平均垂直速度的形成总共有三个物理过程：感热输送、水汽蒸发，以及下垫面的摩擦导致的动量变化。这是因为：（1）当地气之间存在垂直感热输送时，会导致贴近地表的气体膨胀，从而产生净的平均垂直速度，即热上升，冷下沉，因此，热通量能够产生平均垂直速度；（2）由于单位质量的液态水体积小于气态水蒸气的体积，因此，蒸发过程是使得大气中气体增加的很有效的源，而降水过程则是大气中气体减少的汇，因此，对于局地通量来说，水的相变也会产生净的垂直速度；（3）由于地表摩擦作用，将会使得大气平流速度减小，从而产生大量的物质堆积，由于重力作用，堆积的气体将会下沉，因此，对于局地通量来说，摩擦作用将会产生向下的净速度。

通过修正后的通量计算公式：

$$\begin{aligned}
F(\xi)&=\overline{w'\xi'}+(1+\mu\sigma+k)\frac{\overline{w'T'}}{\overline{T}}\overline{\xi}+\mu\sigma\frac{\overline{w'\rho'_v}}{\overline{\rho_v}}\overline{\xi}+2k\frac{\overline{w'u'}}{\overline{u}}\overline{\xi}\\
&=\overline{\xi}\left(\frac{\overline{w'\xi'}}{\overline{\xi}}+(1+\mu\sigma+k)\frac{\overline{w'T'}}{\overline{T}}+\mu\sigma\frac{\overline{w'\rho'_v}}{\overline{\rho_v}}+2k\frac{\overline{w'u'}}{\overline{u}}\right)
\end{aligned} \qquad (5.15)$$

对水汽通量有：

$$E(\approx F(\rho_v))=\overline{\rho_v}\left((1+\mu\sigma+k)\frac{\overline{w'T'}}{\overline{T}}+(1+\mu\sigma)\frac{\overline{w'\rho'_v}}{\overline{\rho_v}}+2k\frac{\overline{w'u'}}{\overline{u}}\right) \qquad (5.16)$$

对动量通量有：

$$\tau=-\overline{\rho}\,\overline{u}\left(\frac{\overline{w'u'}}{\overline{u}}+\sigma\frac{\overline{w'T'}}{\overline{T}}+\sigma\frac{\overline{w'\rho'_v}}{\overline{\rho_v}}\right) \qquad (5.17)$$

对感热通量有：

$$H\equiv F(\rho c_p T)\sim c_p F(\rho T)=c_p\overline{\rho}\,\overline{T}\left((1+\sigma)\frac{\overline{w'T'}}{\overline{T}}+\sigma\frac{\overline{w'\rho'_v}}{\overline{\rho_v}}\right) \qquad (5.18)$$

由于这部分工作主要是 Webb 等人完成，因此，称为 Webb 修正（Webb correction）或 WPL 修正（Webb-Pearman-Leuning correction）。Webb 修正本质上是考虑气体密度变化对通量输送的贡献，是理想条件下涡度相关法计算通量的经典修正方法，其对通量的贡献非常重要，因此，在利用涡度相关法计算通量时，都需要经过 Webb 修正。

6. 坐标选择

涡度相关法计算通量的一个重要假设是在某一时段内，平均垂直风速为零。为了尽量满足这个条件，在选择观测场地时，应该尽量选择地势平坦、下垫面均一、四周开阔的地方进行观测，这样能够最大限度地避免由于地表的非均匀性导致的平流对湍流通量的影响；除此之外，仪器的安装也要尽量垂直于地表，尽量避免水平风速对垂直方向上风速的影响。但在实际观测中,很难满足上述条件,为了达到平均垂直风速为零,在计算通量之前,必须先对资料进行坐标转换。已有研究表明:流线型坐标系是一个比较好的坐标系。流线型坐标系主要有分时段独立旋转法(包括两次坐标旋转(Double Rotation,DR)、三次坐标旋转(Triple Rotation,TR)和平面拟合法(Planar Fit,PF)。对于分时段独立旋转法,由于一些急剧的过程,比如强对流、阵风以及相干结构等会导致坐标系的选择会随着平均时间的选择变得敏感起来,此时分时段独立旋转法存在很大的局限。而对于平面拟合坐标系,由于是针对很长一段时间进行的坐标转换,因此,可以有效避免由于仪器安装不垂直而导致的水平风速对垂直风速的影响,其次,可以避免分时段独立旋转法的局限性,尤其是在陡峭地形中,PF 坐标系下的通量计算值更为接近真值。因此,平面拟合坐标系是 FLUXNET 推荐的最好的坐标系。

本实验中,我们主要学习分时段独立旋转法。

(1) 第一次旋转。以 z 轴为中心轴进行旋转,使 x 轴平行于平均合成气流(风向),即 y 方向的平均速度 $\bar{v}$ 为零。第一次旋转后的 3 个方向的风速 u'_1,v'_1,w'_1 分别为:

$$u'_1=u'_0\cos\alpha+v'_0\sin\alpha$$
$$v'_1=-u'_0\sin\alpha+v'_0\cos\alpha \tag{5.19}$$
$$w'_1=w'_0$$

其中,旋转角度 $\alpha=\arctan(\overline{v_0}/\overline{u_0})$

(2) 第二次旋转。第二次旋转是通过绕 y 轴旋转 x 轴和 z 轴,使得垂直方向的风速 $\bar{w}=0$。因为在设定的均匀无辐散条件下,假定测量准确,得到的平均垂直速度应该为 0,任何由涡动相关仪器所测得的非零平均垂直速度均是风速传感器偏差造成的结果。因此,需要进行第二次旋转订正,得到第二次旋转后的速度:

$$u'_2=u'_1\cos\beta+w'_1\sin\beta$$
$$v'_2=v'_1 \tag{5.20}$$
$$w'_2=-u'_1\sin\beta+w'_1\cos\beta$$

其中,旋转角度 $\beta=\arctan(\overline{w_1}/\overline{u_1})$

(3) 第三次旋转。虽然经过第二次旋转经向平均风速和垂直平均风速等于零,即 $\bar{v}=0$,$\bar{w}=0$,已经基本消除了平均垂直风速不为零对湍流通量计算结果的影响,但它们的协方差不一定为零,为了避免这种模糊现象可能对动量计算产生的影响,需要第三次旋转,通过 x 轴旋转 y 轴和 z 轴使得侧向应力 $\overline{v'w'}=0$,即:

$$u'_3=u'_2$$
$$v'_3=v'_2\cos\gamma+w'_2\sin\gamma \tag{5.21}$$
$$w'_3=-v'_2\sin\gamma+w'_2\cos\gamma$$

其中:$\gamma=\dfrac{1}{2}\arctan\left(\dfrac{2\overline{v'_2w'_2}}{\overline{v_2'^2}-\overline{w_2'^2}}\right)$

7. 平均时间

在涡度相关法计算地气通量中，雷诺平均相当于一个高通滤波器，只保留了周期小于平均时间的湍涡的通量贡献，而对于低频部分的湍涡，其通量贡献全被舍弃了。以往的研究表明，对于某些站点，平均时间必须在 4 个小时以上才能包含所有湍涡的通量贡献，而对有些站点，平均时间在半小时至 1 小时之间就能达到很好的效果。鉴于这些研究结果，FLUXNET 建议的计算通量时的平均时间取 30～60 分钟。

8. 涡动相关通量计算

本实验涡动相关通量系统以 10 Hz 的采样频率采集传感器高度上的水平风速（u'，v'），垂直风速（w'），温度（T'，实际上是超声虚温），水汽密度（ρ_v）和 CO_2 密度（ρ_c）。在一定的"取平均时间"（如 30 min）内，某标量 x（设单位为质量密度[kg/m³]）的湍流输送通量由下式计算：

$$F_x = \overline{w \cdot x} \left[\frac{\text{kg}}{\text{m}^2 \cdot \text{s}}\right] \tag{5.22}$$

其中，横上线表示时间平均。将测量得到的物理量做雷诺分解，即分为平均量和脉动量两部分：

$$w = \overline{w} + w' \tag{5.23}$$

$$x = \overline{x} + x' \tag{5.24}$$

若假设垂直风速的时间平均值为零（$\overline{w}=0$），则有：

$$F_x = \overline{w \cdot x} = \overline{w} \cdot \overline{x} + \overline{w' \cdot x'} = \overline{w' \cdot x'} \tag{5.25}$$

需要按照之前的介绍进行数据质量控制、坐标旋转以及必要的订正。

（1）计算风速标准差

按以下公式计算每个样本的风速标准差：

$$\overline{u} = \frac{1}{n}\sum_{i=1}^{n} u'_i, \quad \overline{v} = \frac{1}{n}\sum_{i=1}^{n} v'_i, \quad \overline{w} = \frac{1}{n}\sum_{i=1}^{n} w'_i \tag{5.26}$$

$$\sigma_u = \sqrt{\frac{1}{n}\sum_{i=1}^{n}(u'_i - \overline{u})^2}$$

$$\sigma_v = \sqrt{\frac{1}{n}\sum_{i=1}^{n}(v'_i - \overline{v})^2} \tag{5.27}$$

$$\sigma_w = \sqrt{\frac{1}{n}\sum_{i=1}^{n}(w'_i - \overline{w})^2}$$

其中，u'_i, v'_i, w'_i 为风向坐标系下 x, y, z 方向的瞬时风速；n 为每个小时样本的数据记录个数；$\sigma_u, \sigma_v, \sigma_w$ 分别为三个方向的风速标准差。

（2）湍流强度

按以下公式计算每个样本的不同方向的湍流强度：

$$I_u = \frac{\sigma_u}{U}, I_v = \frac{\sigma_v}{U}, I_w = \frac{\sigma_w}{U} \qquad (5.28)$$

（3）通量计算

将不同的物理量代入（5.22）式，动量通量（即切应力 τ）、摩擦速度（u_*）、感热通量（H）、潜热通量（λE）、CO_2 通量（F_c）可分别由以下各式计算：

$$\tau = -\rho u_*^2 \ [\mathrm{N/m^2}] \qquad (5.29)$$

$$u_* = (\overline{u'w'}^2 + \overline{v'w'}^2)^{1/4} \ [\mathrm{m/s}] \qquad (5.30)$$

$$H = \rho \cdot c_P \overline{w'T'} \ [\mathrm{W/m^2}] \qquad (5.31)$$

$$\lambda E = \lambda \overline{w'\rho'_v} \ [\mathrm{W/m^2}] \qquad (5.32)$$

$$F_c = \overline{w'\rho'_c} \ [\mathrm{kg/m^2/s}] \qquad (5.33)$$

式中，空气密度 ρ、定压比热 c_P、蒸发潜热 λ 分别由以下各式计算：

$$\rho = \frac{P}{287.059 \times (T_a + 273.15)} + \rho_v \ [\mathrm{kg/m^3}] \qquad (5.34)$$

$$c_P = c_{Pd}(1 + 0.84q) \ [\mathrm{J/kg/K}] \qquad (5.35)$$

$$\lambda = (2.501 - 0.00237 T_o) \times 10^6 \ [\mathrm{J/kg}] \qquad (5.36)$$

其中，P 为气压[$\mathrm{P_a}$]，T_a 为气温[℃]，$c_{Pd} = 1\,004.67$[$\mathrm{J/kg/K}$]为干空气定压比热，q[$\mathrm{kg/kg}$]为比湿，T_o 为地表温度[℃]。

四、实验报告

（1）简述实验名称、实验目的、实验原理。

（2）编制涡度相关系统计算程序。

（3）用给定观测资料计算出平均风速、平均风向、风速标准差、湍流强度，以及动量通量（即切应力 τ）、摩擦速度（u_*）、感热通量（H）、潜热通量（λE）、CO_2 通量（F_c），见表 5-2 所示。

表 5-2　计算参数一览表

时间	1	2	3	4	5	6	7	8	9	10	11	12
平均风速												
平均风向												
风速标准差												
湍流强度												
动量通量												
摩擦速度												
感热通量												
潜热通量												
CO_2通量												

续表

时间	13	14	15	16	17	18	19	20	21	22	23	24
平均风速												
平均风向												
风速标准差												
湍流强度												
动量通量												
摩擦速度												
感热通量												
潜热通量												
CO_2通量												

（4）分别画出平均风速、平均风向、风速标准差、湍流强度，以及动量通量、摩擦速度、感热通量、潜热通量、CO_2通量日变化曲线，并分析其日变化规律。

实验六

梯度气象观测系统及数据处理

一、实验目的

掌握梯度气象观测系统的原理,利用观测资料分析近地层气象要素变化规律,认识大气中的湍流运动,了解湍流闭合问题。

二、实验原理

在大气边界层中,气象要素存在明显的日变化。在白天,地面获得的太阳辐射能量以感热和潜热的形式通过湍流交换向上输送,加热空气;在夜间,地面的辐射冷却作用逐渐影响上层大气,使得空气温度降低。这种热量传输就造成了边界层内温度的日变化。同时,由大型气压场形成的大气动量通过湍流切应力(动量)的作用向下传输,经大气边界层到达地面并由于摩擦而部分损耗,造成了边界层内的风场的日变化。从而大气边界层内的湍流运动主导了物质和能量的交换过程,并决定了边界层内相应物理量的空间分布和时间变化。

梯度气象观测系统用于测量大气中不同高度的风速、风向、温度、湿度、二氧化碳、水汽通量等。其测量结果能够直观地给出边界层内温度、风速、湿度等气象要素的日变化规律,以及其在近地表层(一般为离地高度 100 米以内)中的垂直变化规律。除此之外,其测量的数据还能够直接用于计算大气稳定度、湍流强度、空气动力学粗糙度和零平面位移、感热通量、潜热通量,梯度气象观测系统是以空气动力学理论、Monin-Obukhov 相似理论为基础的近地表层,尤其在垂直方向上以湍流交换为基础的物质和能量的传输规律的研究不可替代的观测系统。

除此之外,梯度气象观测系统还可以用于复杂的湍流问题的研究,例如湍流闭合问题,以下以湍流一阶闭合问题(即 K 理论)为例,介绍梯度气象观测系统的应用。

在以湍流运动为主的边界层内的大气运动过程中,各种气象要素随时间的变化可以分解为平均场、湍流场和波动场。其中,后两者叠加在平均场上,表现为起伏和扰动。以风速为例,从时间的角度看,平均场为气流运动速度的平均,湍流场为气流运动的快速涨落,波动场为长时间、大尺度的气流扰动。

为了从大气运动中有效地分离出湍流运动,雷诺最早提出可以把湍流运动设想成两种运动的组合,即在平均运动上叠加了不规则的、尺度范围很广的脉动起伏。用数学方法描述就是任意变量都可以分解为平均量和湍流脉动量之和。例如风速矢量的三个分量 u, v, w,超声虚温 T_s,水汽密度 q 等,可以写成下列形式:

$$u = \bar{u} + u'$$
$$v = \bar{v} + v'$$
$$w = \bar{w} + w' \tag{6.1}$$
$$T_S = \overline{T_S} + T'_S$$

其中 ‾ 表示平均量，′ 表示湍流脉动量，为变量与平均量的差值。

由于大气边界层中的大气运动以湍流运动为主，为了探讨湍流的作用，需要采用雷诺分解的方法将大气运动方程组（气体状态方程、连续性方程、动量守恒方程、热量守恒方程、水汽守恒方程以及物质守恒方程）转换成平均场和湍流场之和。

但是由于雷诺分解导致平均场和湍流场的分离，大气运动方程组中出现湍流项，方程组所含的未知量的个数大于方程数目，方程组出现不闭合。为了求解方程组，需要利用某些假设来计算或表示其中的湍流项。这些假设被称为湍流闭合技术。

1932 年 Prantdtl 首次提出一阶闭合方案，即 K 理论。该方案的形式类似于分子扩散的原理，即假设某大气参量 α 的垂直通量与该参量的垂直梯度成比例，其比例因子是湍流交换系数 K，故又称 K 理论。大气中某一高度的湍流通量可以用该高度的梯度表示：

$$\overline{u_i' \alpha'} = -K \frac{\partial \bar{\alpha}}{\partial z} \tag{6.2}$$

其中 u_i' 表示某一方向上的风速脉动值，湍流交换系数 K 可分别为湍流动量交换系数 K_m，湍流热量交换系数 K_h，湍流水汽交换系数 K_q，分别对应湍流动量通量 $\overline{u'w'}$，湍流感热通量 $\overline{w'T_S'}$ 以及湍流水汽通量 $\overline{w'q'}$。

$$\overline{u'w'} = -K_m \frac{\partial \bar{u}}{\partial z} \tag{6.3}$$

$$\overline{w'T_S'} = -K_h \frac{\partial \overline{T_S}}{\partial z} \tag{6.4}$$

$$\overline{w'q'} = -K_h \frac{\partial \bar{q}}{\partial z} \tag{6.5}$$

湍流动量交换系数与湍流热量交换系数成比例关系，有

$$P_r = \frac{K_m}{K_h} \tag{6.6}$$

其中 $P_r \approx 0.8$ 称为普朗特数。

K 理论方法有一定的经验性，也称半经验理论，属于局地闭合。如果较大尺度的湍流涡旋对交换过程有贡献，并且大尺度湍涡的全部通量大于由小尺度湍涡独立引起的交换，则不可以使用局地闭合。利用梯度气象观测系统，可以计算得到气象要素的垂直梯度 $\frac{\partial \bar{\alpha}}{\partial z}$ 以及湍流通量 $\overline{u_i' \alpha'}$，进而计算湍流交换系数 K，从而探讨 K 理论在大气近地层中的适用性。

1. 铁塔观测系统

本实验采用南京大学地球系统区域过程综合观测试验基地(英文简称 SORPES)75
米铁塔作为梯度气象观测系统(如图 6-1)。该梯度气象观测系统由常规气象观测梯度
分系统和通量观测梯度分系统组成。

常规气象观测梯度分系统的观测高度共有 6 层,分别为 4.5 米、9.0 米、18.0 米、36.0
米、54.0 米、72.0 米,观测项目有风向、风速、温度和湿度。

通量观测梯度分系统观测高度共有 3 层,分别为 3.0 米、25.0 米、50.0 米,其中 3.0
米通量观测系统位于气象观测场内,观测项目有超声风速温度仪高频响应三维风速(u',
v',w')和虚温(T_S),CO_2/H_2O 分析仪高频响应 CO_2 和 H_2O 浓度。

图 6-1　SORPES 梯度气象观测系统

2. 温度相对湿度传感器

HMP155A 是一款性能优异的温度相对湿度传感器。它采用 Vaisala 最新研制的具
有专利技术的 HUMICAP ® 180R 加热型相对湿度探头,并结合当前先进的制造工艺,
具有卓越的稳定性和强大的环境适应能力。凭借其灵敏度更高、反应更迅速的新型温度
探头,HMP155A 能够以更快的速度对环境温度的变化做出反应,让用户随时掌握温度变

化的第一手数据资料。HMP155A 支持 0～1 V 电压输出,对 CSI 的全系列数据采集器拥有良好的兼容性;其采用节能设计,仅在测量时由数据采集器供电,非工作时可停止供电。

(1) 温度传感器(如图 6 - 2)

传感器类型:Pt100 RTD 1/3 class B IEC 751

量程:-80℃～60℃

精度(模拟电压输出):±(0.226-0.002 8×温度范围)℃(-80℃～20℃);±(0.055+0.005 7×温度范围)℃(20℃～60℃)(采用 RS - 485 信号输出时,精度优于模拟电压)

(2) 相对湿度传感器

传感器类型:HUMICAP® 180R

量程:0.8～100% RH

精度:±(1.2%+0.012×读数)%RH(-40℃～-20℃,40℃～60℃);±(1.0+0.008×读数)%RH(-20℃～40℃)

图 6 - 2　HMP155A 温度相对湿度传感器

3. 风向风速传感器

利用 WindSonic 二维超声风速风向传感器测量风速风向(如图 6 - 3)。WindSonic 二维超声风速风向传感器反应迅速、性能良好、工作可靠,能够进行 360°全向测量。风速的量程为 0～60 m/s,分辨率为 0.01 m/s;风向的量程为 0～359°,分辨率为±3°。

图 6‑3　二维超声风速风向传感器

4. 涡动通量观测系统

涡动通量观测系统(如图 6‑4)主要由三维风速及气体密度高频测定单元、供电单元、数据采集单元组成。三维风速及气体密度高频测定单元用来测量三维风速(U_x、U_y、U_z)、虚温(T_S)、气体密度(CO_2 和 H_2O)。数据采集、存储及传输单元是核心采集处理单元,采集气体分析仪输出的浓度数据(CO_2 和 H_2O)、三维超声风速仪输出的三维风数据(U_x,U_y,U_z)、超声虚温数据(T_S)、声速(c)以及系统中其他辅助观测数据,并将原始 10 Hz数据存储到 CF 卡中;同时对原始数据做在线通量全修正计算,直接输出可用于科研目的的高质量通量数据,并将通量数据存储到 CF 卡中。另外可将数据通过有线/无线的方式远程发送至数据中心。

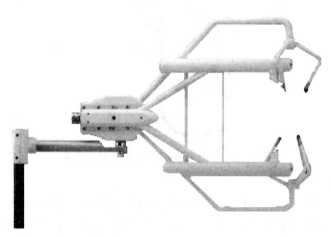

图 6‑4　涡动通量观测系统

三、实验步骤

1. 仪器设备介绍

本实验使用的梯度气象观测系统日常正常使用,通过对仪器设备的讲解,了解和掌握系统各个组成部分及其工作原理;通过计算机实时监测结果和历史资料,了解观测的常规气象要素(风向、风速、温度、湿度)的变化规律,以及涡动通量观测要素(脉动风速、虚温、CO_2 密度、H_2O 密度)的变化规律。

2. 数据处理

利用给定的梯度气象观测系统观测资料计算各小时不同高度的平均温度、平均相对湿度、平均风速和平均风向。

表 6-1 给出了不同高度平均温度随时间变化的统计表格,平均相对湿度、平均风速和平均风向的统计表格与表 6-1 相似。

表 6-1 不同高度 24 小时平均温度统计表

时间	4.5 米	9 米	18 米	36 米	54 米	72 米
1						
2						
3						
4						
5						
6						
7						
8						
9						
10						
11						
12						
13						
14						
15						
16						
17						
18						
19						
20						

时间	4.5 米	9 米	18 米	36 米	54 米	72 米
21						
22						
23						
24						

利用给定的梯度气象观测系统观测的涡动通量观测资料,采用实验五的计算方法,计算不同高度动量通量、感热通量、潜热通量、CO_2通量随时间的变化,见表6-2所示。

表6-2 不同高度动量通量、感热通量、潜热通量、CO_2通量随时间的变化

时间	动量通量			感热通量			潜热通量			CO_2通量		
	3 m	25 m	50 m	3 m	25 m	50 m	3 m	25 m	50 m	3 m	25 m	50 m
1												
2												
3												
4												
5												
6												
7												
8												
9												
10												
11												
12												
13												
14												
15												
16												
17												
18												
19												
20												
21												

时间	动量通量			感热通量			潜热通量			CO_2通量		
	3 m	25 m	50 m	3 m	25 m	50 m	3 m	25 m	50 m	3 m	25 m	50 m
22												
23												
24												

利用不同高度的温度以及风速观测结果计算 25 m 以及 50 m 高度处的风速 $\frac{\partial \overline{u}}{\partial z}$ 以及温度梯度 $\frac{\partial \overline{T_s}}{\partial z}$，并计算相应的湍流交换系数。

此处利用中央差分代替微分计算风速和温度梯度，以 25 m 处风速梯度以及湍流动量交换系数为例：

$$\frac{\partial \overline{u}}{\partial z}_{25m} = \frac{\overline{u}_{36m} - \overline{u}_{18m}}{36 - 18} \tag{6.7}$$

$$K_{m_{25m}} = -\overline{u'w'}_{25m} \Big/ \left(\frac{\partial \overline{u}}{\partial z}_{25m}\right) \tag{6.8}$$

表 6-3 给出了 25 m 高度处湍流交换系数 K_m 和 K_h 随时间变化的统计表格，50 m 高度处的统计表格与表 6-3 相似。

表 6-3　25 m 高度处湍流交换系数 24 小时统计表

时间	$\frac{\partial \overline{u}}{\partial z}$	$\overline{u'w'}$	K_m	$\frac{\partial \overline{T_s}}{\partial z}$	$\overline{w'T_s'}$	K_h	P_r
1							
2							
3							
4							
5							
6							
7							
8							
9							
10							
11							
12							
13							

时间	$\dfrac{\partial \overline{u}}{\partial z}$	$\overline{u'w'}$	K_m	$\dfrac{\partial \overline{T_s}}{\partial z}$	$\overline{w'T_s'}$	K_h	P_r
14							
15							
16							
17							
18							
19							
20							
21							
22							
23							
24							

四、实验报告

(1) 简述实验名称、实验目的、实验原理。

(2) 编制梯度气象观测系统计算程序。

(3) 统计 24 小时平均风速、风向、温度、相对湿度随高度变化的规律,并绘制其随高度的变化曲线。

(4) 分析平均风速、风向、温度、相对湿度随时间变化的规律。

(5) 统计 24 小时动量通量、感热通量、潜热通量、CO_2 通量随高度变化的规律,并绘制其随高度的变化曲线。

(6) 分析动量通量、感热通量、潜热通量、CO_2 通量随时间变化的规律。

(7) 分析湍流动量交换系数、湍流热量交换系数以及普朗特数随时间变化的规律,同时讨论其随高度的变化。

(8) 重复表 6-3 的内容计算 50 m 高度处湍流交换系数,并比较 25 m 和 50 m 两个高度有何不同。

实验七

系留气艇探测系统及数据处理

一、实验目的

掌握系留气艇探测系统的工作原理及使用方法,学会利用观测数据资料分析边界层主要气象要素随高度变化的特征。

二、实验原理

系留气艇探测系统是当前国际上测量精度较高的大气边界层垂直探测设备,它可以测量大气边界层相应高度上的温度、湿度、气压、风向、风速等参数,图 7-1 为系统示意图。该系统主要是由地面和高空两部分组成,地面设备包括笔记本电脑、调制解调器、接收机、探空仪、电池充电器和绞车;高空设备包括探空仪和运载探空仪的气艇;系留绳将空中仪器与地面设备连接在一起。该系统具有结构合理、使用方便、可靠等特点,可供从事大气探测、环境监测和对地遥感、摄像等工作的科技人员使用。

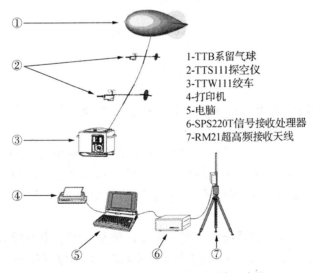

1-TTB系留气球
2-TTS111探空仪
3-TTW111绞车
4-打印机
5-电脑
6-SPS220T信号接收处理器
7-RM21超高频接收天线

图 7-1 系留气艇边界层探测系统示意图

本实验使用的仪器设备为中科院大气物理研究所所属安徽珂祯大气环境科技有限公司生产的 XLS-Ⅱ型系留气艇探测系统,该系统主要包括绞车、气艇、传感器及探测信号的发射接收和处理设备。

1. 气艇

气艇(如图7-2)是系留气艇探测系统的主体。对气艇设计的最基本要求是：

① 在限定的气象条件下,气艇保持稳定的运动状态;

② 能满足多种负荷和不同测量高度的需求;

③ 渗气率较低。

图 7 - 2 5.25 立方米气艇

气艇在运动过程中除了受净举力作用之外,还同时受到空气动力学的作用,使得气艇受额外的动力学举力 F 和迎风面的阻力 R,即：

$$F = C_F \rho \frac{u^2}{2} V^{\frac{2}{3}} \phi(\alpha) \tag{7.1}$$

$$R = C_R \rho \frac{u^2}{2} V^{\frac{2}{3}} \phi(\alpha) \tag{7.2}$$

式中：C_F 为举力系数;C_R 为阻力系数;ρ 为空气密度;u 为流向气艇的气流速度;V 为气艇的体积,α 为攻角。

在实际飞行过程中,由于气艇长轴与气流方向的夹角(攻角)是不断变化的,因此,作用在气艇上的 F,R 力始终存在并不断变化。大量实验研究表明,当攻角不超过 5°～7° 时,系留气艇的飞行处于相对较好的状态,空气动力学举力 F 比迎风面的阻力 R 大 40%～50%,有利于气艇的上下运动。

XLS-Ⅱ型系留气艇探测系统的气艇是由聚乙烯复合膜和聚氨酯等材料做成的,其渗气率约为 $1.1 \times 10^2 \, cm^3/(m^2 \cdot Pa)$,这类材料质地软薄,其厚度仅为 0.1～0.3 mm,并有一定的弹力,规格分为 3.25、5.25、6.25、15、20m³ 等;载荷:1～18 kg。本实验采用 5.25 立方米气艇。

2. 绞车

XLS-Ⅱ型系留气艇探测系统配备的 JC-600 型绞车(如图 7-3)的电机功率为 600 W;总质量为 36 kg;线绳长度为 1 500 m(1.8 kg);线拉力为 1 700 N(175 kg)。该绞车可以自动放线和收线(最快可达 10 m/s),而且放线和收线的速度是无级变速的。

图 7 - 3　JC - 600 型绞车

3. 传感器

XLS - II 型系留气艇探测系统可以探测不同高度的温度廓线、湿度廓线、风速廓线及风向廓线。其传感器(如图 7 - 4)主要探测温度、湿度、气压、风向、风速等气象要素,各个气象要素使用的传感器及主要技术参数见表 7 - 1 所示。

图 7 - 4　气象探测仪

表 7－1　气象探测仪主要技术参数

气象要素	传感器	测量范围	精度
温度	热敏电阻	$-40℃\sim+60℃$	$\pm0.2℃$
相对湿度	湿敏电容	$0\sim100\%$	$\pm2\%$
气压	压敏电容	$300\sim1\,020\text{ hPa}$	$\pm0.3\text{ hPa}$
风速	风杯	$0.2\sim20\text{ m/s}$	$\pm0.1\text{ m/s}$
风向	地磁感应	$0°\sim360°$	$\pm0.5°$

系留气艇探测系统传感器的高度采用压高公式计算，即：

$$z_2-z_1=18\,400(1+\alpha t)\log\frac{p_1}{p_2} \tag{7.3}$$

式中，p_1，p_2 分别为高度 z_1，高度 z_2 的气压值；t 为高度 z_1 到高度 z_2 的平均温度；$\alpha=1/273$。

4. 数据的采集发送和接收处理

XLS-Ⅱ型系留气艇探测系统的探测数据的采集发送与接收处理流程如图 7-5 所示。

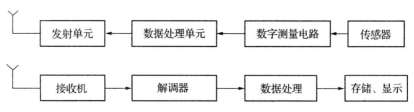

图 7-5　数据的采集发送与接收处理流程

来自各传感器的信号通过自己的数字测量电路按设定程序进入数据处理单元。数据处理单元是测量仪的核心，它由单片机和测量电路组成，完成数据的采集、处理和发送。发送单元将数字信息转变成射频信号并发送到地面接收系统。

地面接收装置包括接收机和资料处理等单元。接收机（如图 7-6）接收探测仪发射的射频信号并解调数字信号后传送给数据处理单元，后者按设定的算法对数据进行采集、处理，形成格式文件。数据处理单元除了将探测信号转换成相应物理量外，还同时将这些物理量以数字和廓线图的形式进行实时屏幕显示（如图 7-7）。

XLS-Ⅱ型系留气艇探测系统的数据采集发送和接收装置的主要技术指标为：频率：401～406 MHz；带宽：25 kHz；发射机功率：200 mW；数据采集速率：1组/s。

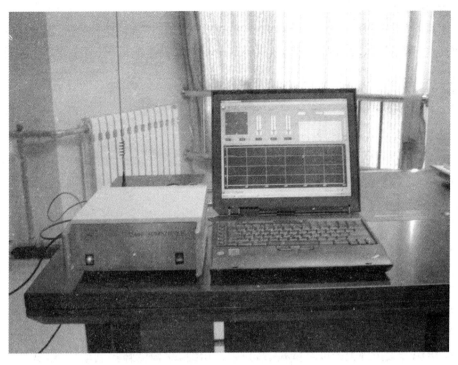

图 7-6 地面接收机示意图

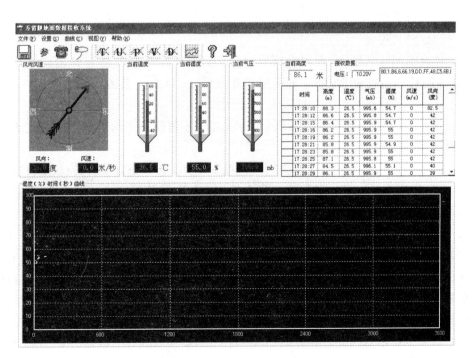

图 7-7 地面接收系统实时显示图

5. 数据处理

利用系留气艇探测系统气艇上行和下行过程中探测的两组风向、风速、温度、湿度、气压等数据,按照高度每次间隔10米,统计计算分析不同高度的风向、风速、温度、相对湿度变化情况。

三、实验步骤

1. 气艇充气

系留气艇使用时最好充入氦气,充气量以气艇尾部凸出离尾翼后沿20~30 cm为宜,充好的气球可以悬挂在地锚上备用,悬挂高度应保证小风时气艇不接触地面。

2. 准备绞车

(1)首先要选择好释放点,最好选择在地面平坦硬实的开阔地,附近要能连接到220 V市电。

(2)将绞车从包装箱内取出后,抬到释放点,打开盖板,旋松排线器绳孔拉杆的固定螺栓,将拉杆全部拉出并紧固。

(3)在确认电源开关在关机位置后,接上电源线,取出控制盒,手控按钮放在抬起(停机)位置,将转速控制电位器反时针拧到转速最小位置。

(4)电源开关拨到上升或下降位置,拉紧系留绳,缓慢旋转控制电位器,试验绞车是否收放正常。

(5)将气艇搭扣与绞车搭扣连接,释放气艇3~5米高,将探空仪拴挂在系留绳上。

3. 释放/回收气艇

(1)释放或回收气艇,升速根据需要可控制到3~5米/秒。注意开始或停止收放时,要缓慢旋转控制电位器,使电机平滑启动或停止,可防止系留绳张力突然改变,影响强度。

(2)升到预定高度后,控制气艇缓慢停止,注意不可将绳子全部放尽。待气艇稳定后,才能回收气艇。

(3)等到气艇离地面较近时,要随时注意控制气艇缓慢停止,严防探空仪竖杆进入绳孔,应保持气艇离地3~5米,取下探空仪,关断探空仪电源开关。

(4)遇到紧急情况需要立即停止电机转动时,可以迅速抬起手控按钮停机。

4. 系留艇探空系统软件使用方法

(1)双击小汽艇图标,出现主页面窗口;单击通信"小电话"图标,设定串口号;点击"参"字图标,按提示输入探空仪序号;按"确定"后,回到主页面,探空仪序号显示在主页面上方的标题栏中;单击小汽艇图标,出现输入高度对话框,输入当地海拔高度,按确定键。

(2)接通探空仪电池插头座,打开盒子下面的电源开关(风标向左时,开关向上扳,可从下面小孔看到指示灯闪亮);等待2~10秒时间后,就会收到观测数据。

(3)点击各图标,可实时监测P,T,U,V,D等参数曲线。

(4)观测后可直接关机,数据文件会自动保存在"result"文件夹中,文件名为开机观测时间。

四、实验报告

（1）简述实验名称、实验目的、实验原理。

（2）编制系留气艇边界层探测系统数据处理计算程序。

（3）绘制风速、风向、温度、相对湿度随高度变化的曲线。

（4）分析逆温层底高、顶高、厚度、强度。

（5）利用 250 米以下风速随高度变化的曲线，计算风速幂指数。

（6）分析边界层内风速、风向、温度、相对湿度随高度变化的规律。

实验八

低空探空仪测温及数据处理

一、实验目的

掌握低空探空仪测温的工作原理及操作方法,并利用观测的温度层结曲线分析温度随高度的变化规律。

二、实验原理

低空探空仪是用于测量从地面到 2 公里高度的温度层结的仪器,由探空仪和地面接收机组成。用自动平衡记录仪可直接描绘出温度层结曲线。

探空仪的温度感应元件是表面涂白细棒状热敏电阻,表面涂白减少辐射误差。热敏电阻暴露于大气中,由于大气温度的变化,引起热敏电阻阻值的变化,并引起多谐振荡器振荡频率的变化,由高频振荡器把此信号发送到地面。

探空仪由 BG_1、BG_2 构成的温度—周期调制器和 BG_2 构成的高频振荡发射器组成。振荡器频率 f 为:

$$f = \frac{1}{(R_T + R_O)c_2 \ln \dfrac{2E_C - V_D - V_{be}}{E_c - V_r}} \tag{8.1}$$

式中 E_c 为电源电压,V_r 为三极管开启电压,V_D 为二极管导通时的饱和压降,V_{be} 为三级管导通时基极发射极的压降。

由式(8-1)可看出:R_T 的变化引起 f 的变化,地面接收机接收探空仪发出的变化高频脉冲,通过频—压转换电路,将频率的变化转变为电压的变化,经自动平衡记录仪显示出温度的变化。如果探空仪用固定升速的气球携带,而记录仪的记录速度又是固定的,则记录纸上的横坐标表示空气温度,纵坐标表示探空仪高度,便可以获得温度层结曲线。

三、实验步骤

1. 打开接收机

将接收天线两振子端距调到 960 mm 左右,将天线电缆接好,并打开地面接收机。

2. 确定温度测量范围

选择探空仪并查找其发射机编号,查出同编号的热敏电阻和热敏电阻校准表,估计出所观测时间高空的最高和最低温度,并查出最高、最低、中间温度的电阻值,一般最高、最低温差应为 20℃。

3. 调节探空仪发射频率

（1）用非金属线把探空仪天线垂直悬挂在室内适当的地方,在悬挂处半径为 1.5 米的周围应避免有比较大的物品,这是由于外在物体对探空仪电磁场的影响,即相当于电感和电容的变化,而使探空仪工作发生变化。

（2）在连接热敏电阻处接上电阻箱,调节电阻箱阻值和接收机频率微调旋钮,可在监听扬声器上听到不同阻值的音频声。在显示器上适当选择衰减倍率,相应调节其他控制器,可观测到方波波形。若探空仪频率过低或过高,可调节高频振荡线圈（即镀银铜线）,下压频率升高,上提频率下降,调整到接收信号的最佳状态。

（3）将探空仪外壳合好,调整接收机频率微调旋钮,看频率是否变化,若改变较大,重复调节探空仪频率。

4. 仪器定标和线性化检查

（1）打开自动平衡记录仪。

（2）打开电阻箱,阻值调到最低温度时的 $R_{低}$ 值,调节调零电位器,使自动平衡记录仪指针自右向左到零。

（3）使电阻箱阻值等于最高温度时的 $R_{高}$ 值,调节量程电位器,使自动平衡记录仪调整到满度。

（4）使电阻箱值等于中值温度下的 $R_{中}$ 值,自动平衡记录仪指针应在中间,允许 ±0.2℃差值。若超出该值,应检查其他数据是否有误,重复上述步骤。

5. 确定温差

把电阻箱换上热敏电阻,并开动阿斯曼温度表三分钟后读下干球温度,再读下自动平衡记录仪显示的温度读数,记下温差,在整理资料时作订正。

6. 充灌气球

（1）根据当时的气温、气压值,查出标准密度升速值。

（2）用天平称出探空仪、气球等附加物的总质量。

（3）由标准密度升速值和附加物总质量确定净举力。

（4）用充气嘴把气球充灌到所需的净举力。

7. 释放气球

（1）把探空仪挂在气球上,然后将探空仪置于室外（不要用手拉天线）,调节接收机频率微调旋钮,使接收到的信号最好。

（2）在释放气球时,同时打开自动平衡记录仪走纸按钮,调节接收机频率微调旋钮,跟踪接收信号。

四、实验报告

（1）简述实验名称、实验原理、实验步骤。

（2）列出高空每次间隔 50 米的温度值,并绘制温度廓线。

（3）利用温度廓线分析逆温层低高、顶高、厚度及强度。

（4）论述实验的误差分析。

实验九

温度表的误差:滞后误差与辐射误差

一、实验目的

学会测量玻璃温度表的滞后系数的方法,分析影响滞后系数大小的因子;研究长波辐射、短波辐射对温度表测量温度的影响。

二、实验原理

测温误差主要分为滞后误差和辐射误差两种。

1. 滞后误差

滞后误差为温度表与周围介质之间未达到热平衡时进行读数而产生的误差。

采样接触式测量介质温度的温度表,都不会瞬间感应出介质温度。设 dQ 为温度表在 dt 时间内对介质释放的热量(当介质温度低于温度表温度时),则:

$$dQ = -KS(T-T_a)dt \tag{9.1}$$

式中,K 为热交换系数;S 为温度表球部的表面积;T 为温度表的温度;T_a 为介质温度。

$$dQ = CdT \tag{9.2}$$

式中,C 为温度表球部的热容量。在热交换过程中,若忽略因辐射而失去的热量,则温度表损失的热量应等于介质从温度表得到的热量,即:

$$-KS(T-T_a)dt = CdT \tag{9.3}$$

整理后,有:

$$\frac{dT}{dt} = -\frac{KS}{C}(T-T_a) = -\frac{1}{\tau}(T-T_a) \tag{9.4}$$

其中 $\tau = C/KS$ 为滞后系数。积分(9.4)式可得:

$$\ln|T-T_a| = \ln|T_o-T_a| - t/\tau \tag{9.5}$$

式中,T_o 为温度表初始温度。当测得 T 与 t 的一系列数据之后,τ 值能用以下两种方法中的任一种来求得。

(1) 点出 T—t 图,测出不同时间的梯度。在第二个图中绘出 dT/dt 与 $(T-T_a)$ 的关系。假如 Newton 定律能适用,将绘出一条直线,由其梯度即可求出 τ。

(2) 在单对数坐标纸上点出 $(T_o-T_a)/(T-T_a)$—t 图,由直线的斜率可求出 τ。

2. 辐射误差

辐射误差为在辐射的作用下,温度表的示度与周围介质温度之差。

一般情况下,辐射误差比滞后误差大,且随时空变化比较大。要进行辐射误差的计算和订正,需了解入射辐射的通量密度、光谱分析、吸收率随波长变化的情况、对流交换系数等因子。

温度表在辐射的作用下,其温度值的变化率近似地满足下式方程:

$$C\frac{\mathrm{d}T}{\mathrm{d}t}=\iint \alpha_\lambda I_\lambda \mathrm{d}\lambda \mathrm{d}s-\iint R_\lambda \mathrm{d}\lambda \mathrm{d}s+\frac{C}{\tau}(T'_a-T') \tag{9.6}$$

其中,C 为温度表面部的热容量;s 为温度表球部的表面积;I_λ 为短波辐射通量密度;R_λ 为长波净辐射通量密度;α_λ 为吸收系数;λ 为波长;τ 为落后系数;(T'_a-T') 为温度表与周围介质之间的温差。

根据测定短波辐射通量密度公式和斯蒂芬-波耳兹曼定律可把(9.6)式转化为:

$$C\frac{\mathrm{d}T}{\mathrm{d}t}=\bar{\alpha}I S_1+\sigma T_a^4 S_2-\sigma T^4 S_2+\frac{C}{\tau}(T'_a-T') \tag{9.7}$$

$$I=(R_1+R_{12}+R)N/K=U/K \tag{9.8}$$

其中:$\bar{\alpha}$ 为短波吸收系数;N 为电流表的偏转格数;S_1 为温度表球部的截面积;S_2 为温度表球部的表面积。波耳兹曼 $\sigma=5.67\times10^{-8}\,\mathrm{W/m^2 K^4}$。

当温度表达到热平衡时,$\dfrac{\mathrm{d}T}{\mathrm{d}t}=0$

则(9.7)式可转化为:

$$\bar{\alpha}I S_1+\sigma T_a^4 S_2-\sigma T^4 S_2+\frac{C}{\tau}(T'_a-T')=0 \tag{9.9}$$

辐射误差可由上式进行估算。

3. 实验器材

实验器材包括温度表两个,阿斯曼温度表一个,电吹风一个;秒表一个;小风扇一台;玻璃片、铝片各一个;天空辐射表一台。

三、实验步骤

(1) 用电吹风把干球温度表加热到 $T_o=40℃$,然后放入静止空气中,同时用秒表开始计时,每隔15秒读一次数据,至少要读12组数据,见表9-1所示,用阿斯曼温度表监测空气温度 T_a,确定其滞后系数 τ_1。

表 9-1　温度表读数一览表($T_o=40℃$)

序号	1	2	3	4	5	6	7	8	9	10	11	12
时间	15	30	45	60	75	90	105	120	135	150	165	180
温度												

（2）把干球温度表加热到 $T_o=30℃$，其他与步骤（1）类似，可求得其滞后系数 τ_2。

（3）把干球温度表加热到 40℃，而且用小风扇给球部通风，其他与步骤（1）类似，可求得其滞后系数 τ_3。

（4）把天空辐射表放到距光源 30 cm，测量出垂直于光线的辐射通量密度，即求出电流表的偏转数 N，然后代入短波辐射通量密度式（9.8）即可。

（5）把天空辐射表移开，将未涂黑的温度表和涂黑的温度表放在距光源 30 cm 处，待稳定后分别读出两支温度表的示度 T_w，T_b，同时读出用阿斯曼温度表监测的环境温度 T_a，便求出辐射误差 ΔT_{w_1}，ΔT_{b_1}。

（6）用小风扇使两支温度表球部通风，其他与步骤（5）类似，可求出辐射误差 ΔT_{w_2}，ΔT_{b_2}。

（7）在温度表与光源之间放一个玻璃片，其他与步骤（5）类似，可求出短波辐射引起的辐射误差 ΔT_{w_3}，ΔT_{b_3}。

（8）在温度表与光源之间插一个涂黑的铝片，其他与步骤（5）类似，可求出长波辐射引起的辐射误差 ΔT_{w_4}，ΔT_{b_4}。

四、实验报告

（1）简述实验名称、实验原理、实验步骤。

（2）把步骤（1）、（2）、（3）所得的数据在单对数坐标纸上点图并求出 τ_1，τ_2，τ_3。

（3）比较 τ_1 与 τ_2 的大小，论述 τ 是否随 T 而变，为什么？

（4）比较 τ_1 与 τ_3 的大小，论述 τ 是否随风速而变，为什么？

（5）比较 ΔT_{w_1} 与 ΔT_{b_1} 的大小，论述辐射误差是否因吸收而变，为什么？

（6）比较 ΔT_{w_1} 与 ΔT_{w_2} 的大小，论述辐射误差是否随风速而变，为什么？

（7）比较 ΔT_{w_1}，ΔT_{w_3}，ΔT_{w_4} 的大小，论述辐射误差是否随波长而变，为什么？

（8）对步骤（5）进行理论估算，是否与实验值相一致，为什么？其中，水银的比热 $c=140$ J/kg·K，水银的密度 $\rho=13.6$ g/cm³；黑表 $\bar{a}=0.65$，白表 $\bar{a}=0.25$。

实验十

热敏电阻测量温度

一、实验目的

掌握热敏电阻测温性质及测温电路,学会计算热敏电阻特征参数的方法。

二、实验原理

1. 热敏电阻特征参数

在温度为 $-40℃\sim+70℃$ 时,热敏电阻的阻值变化符合指数规律,即:

$$R=A\exp(B/T) \tag{10.1}$$

式中:A,B 为常数,A 取决于电阻体的结构,单位 Ω;B 与材料的物理性质有关,它决定热敏电阻的温度的灵敏度,单位 K。

对式(10.1)取对数,则得:

$$\lg R=\lg A+\frac{0.434}{T}B \tag{10.2}$$

故以纵坐标为 $\lg R$,以 $\frac{1}{T}$ 为横坐标,则在半对数坐标中,$\lg R$ 与 T^{-1} 成一直线。

如果 A,B 已知,R 用测量电阻的仪器测出,就可按上式计算温度 T,A 和 B 是热敏电阻测温时的两个重要参数,可用下列方法求得。

将热敏电阻置于温度为 T_1 的恒温环境中,测出电阻值为 R_1,然后将热敏电阻置于温度为 T_2 的恒温环境中,测出其电阻 R_2,则为:

$$R_1=A\mathrm{e}^{B/T_1} \tag{10.3}$$

$$R_2=A\mathrm{e}^{B/T_2} \tag{10.4}$$

解两个联立方程得:

$$B=\frac{2.303\,T_1T_2}{(T_2-T_1)}(\lg R_1-\lg R_2) \tag{10.5}$$

$$A=R_1\mathrm{e}^{-B/T_1} \tag{10.6}$$

电阻温度系数:

$$a_T=\frac{1}{R}\cdot\frac{\mathrm{d}R}{\mathrm{d}T}=-\frac{B}{T^2} \tag{10.7}$$

气象所用热敏电阻 a_T 为 $10^{-2} \sim 7.4 \times 10^{-2}$。

2. 静态伏安特性曲线

热敏电阻在实际应用中的一个重要特性是静态伏安特性曲线。

特性表示加在热敏电阻上的电压与它上面所通过的电流在热敏电阻和周围介质热平衡时(即由通过电阻的电流发出的热和消散给周围空间的热平衡相等时)的关系,简称伏安特性。

特性曲线的起始段是线性的,因为在十分小的电流下热敏电阻的耗散功率太小,还不能使其显著发热,所以此时欧姆定律仍然有效。当电流增大时,消散功率增大,热敏电阻温度超过其周围介质温度,阻值下降,伏安特性曲线斜率减少,在某一电流值时,电压达到最大值。当电流超过它时,就会有负阻关系,曲线开始下降,曲线上的数值为超过环境温度的温度数值(℃)。

电流通过热敏电阻时,它使元件温度增热,那么通过的电流究竟应低至什么程度,才能够保证元件与空气介质之间的温度差异小于容许误差? 这需要由实验决定。

在热交换平衡时:

$$IV = K(T - T_o) \tag{10.8}$$

其中,I 为通过电阻的电流,V 为电阻两端电压,K 为散热系数,T 为热敏电阻本身温度,T_o 为环境的空气温度。

由实验决定电流值,就可以计算相对应于所测精度下该元件能承受的电功率,从而计算出供电电压,而 K 值很容易由其伏安特性曲线和电阻温度关系确定。伏安特性曲线上的任一点都可求出

$$W = VI, R = \frac{V}{I}$$

又因

$$R = R_o \exp\left[B\left(\frac{1}{T} - \frac{1}{T_o}\right)\right]$$

根据上式可以绘出 $W—T$ 的关系曲线,按此曲线可计算 K 值。在热量大部分散去时,W 随 T 直线增加,于是 K 是一常数。

3. 热敏电阻测温电桥

热敏电阻的阻值与温度存在着非线性关系,这给使用带来了很大不便,而且热敏电阻的不稳定性又要求检定线经常验证,因此,需要按线性刻度要求来设计电路。

热敏电阻作为电桥的一个臂接入时,不平衡电桥的电流 I_g 随温度的变化不是一个常数,即灵敏度 $\mathrm{d}I_g/\mathrm{d}t \neq \mathrm{const}$。但是 $I_g—T$ 曲线存在着一个拐点 T_c,必然在 T_c 两边出现温度灵敏度变化的方向相反的情况,在 $T < T_c$ 这一边,温度灵敏度随着温度的增加而逐渐增加,到 T_c 处达到最大值;当 $T > T_c$ 以后,温度灵敏度将随温度的升高而不断下降。所以 $I_g—T$ 曲线与直线之间存在着一定的偏差 ΔI_g,非线性误差大小 ΔI_g 的变化情况具有近似正弦曲线的性质,最大误差出现在 $\left(\frac{T_o + T_c}{2}\right)$ 和 $\left(T_c + \frac{T_c - T_o}{2}\right)$ 附近(T_o 是测温起始

点)。在测温范围不太大的情况下,非线性误差很小,其最大值在我们所能够允许的误差范围以内,就可以把它当作线性看待。

$$n=\frac{R_4}{R_3}=\frac{R_2}{R_0} \qquad R_2=nR_0 \tag{10.9}$$

$$q=R_4R_0[R_4+(1+n)R_g] \tag{10.10}$$

$$P=\frac{R_4}{n}[R_4+(n+1)(R_g+nR_o)] \tag{10.11}$$

不平衡电桥存在拐点的条件是:

$$q=\frac{B-2T_c}{B+2T_c}R_e\times P \tag{10.12}$$

令:
$$\frac{B-2T_c}{B+2T_c}R_e=r$$

r 值仅决定于热敏电阻特性和拐点温度,而拐点温度又是由测温范围决定的,r 为已知量。因此,桥臂电阻选择就由上式决定,将 p,q 代入到上式中得:

$$R_o(R_4+(1+n)R_A)=r\frac{1}{n}[R_4+(1+n)R_A+(1+n)nR_o] \tag{10.13}$$

一般 $R_g>2\,000\,\Omega$,假定 $R_4\ll R_g$,则上式可以化简:

$$r=\frac{nR_0R_g}{nR_0+r_g} \tag{10.14}$$

则:
$$\frac{B-2T_c}{B+2T_c}R_c=\frac{nR_oR_g}{nR_o+R_g}$$

上两式中 r,R_o 为已知量,n 是可以改变的,当用电压表测量电压时,R_g 为其电压表内阻,当用电流表时,R_g 是电流表内阻及其串联电阻的总和。n 确定后,$R_2=nR_0$ 就确定了。R_4 只需要满足条件 $R_4\ll R_g$,$R_3=R_4/n$。

4. 实验器材

实验器材包括热敏电阻 1 个,温度表 2 个,万用表 2 个,稳压电源 1 个,电阻 3 个,电阻箱 1 个。

三、实验步骤

1. 求热敏电阻特性参数 A、B

将热敏电阻分别放在 0℃、10℃、20℃、30℃、40℃、50℃的恒温水槽中,测量热敏电阻在不同温度下的阻值。将实验测量的温度和热敏电阻阻值点在 $\log R$—T^{-1} 坐标中,应用最小二乘法拟合出一条检定线,利用该检定线计算热敏电阻特征参数 A,B 值,并利用该检定线在 20℃～30℃每隔 1℃的阻值,供检定测温电桥用。

2. 测定静态特性曲线,计算散热系数 K

将稳压电源接到静态特性测试电路上(如图 10-1),调节其输出电压为 10 V,把热敏电阻放在恒温瓶中,维持在一个固定的温度下,用万用表测量热敏电阻两端的电压,调节测试电路的电位器,使电流由 0.4 mA 起每隔 0.2 mA 来测定电压值,并按表 10-1 的格式记录:

表 10-1　测定静态特征曲线一览表

$I(mA)$	$V(V)$	$R(k\Omega)$	$W=IV(mW)$	$T(K)$
0.4				
0.6				
0.8				
1.0				
1.2				
1.4				
1.6				
1.8				
2.0				

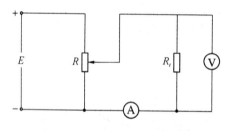

图 10-1　静态特性测试电路

3. 安装热敏电阻测温电桥

要求测温条件在 $10℃\sim30℃$,已知电压内阻 R_g(设为 20 kΩ),由下式计算 n:

$$\frac{B-2T_c}{B+2T_c} \cdot R_c = \frac{nR_o+R_g}{NR_o+R_g}$$

取 $R_4 \ll R_g$,又因 $n=\dfrac{R_4}{R_3}=\dfrac{R_2}{R_0}$,则 $R_2=nR_o$,可算出 R_2;取 $R_3=1\,200$ Ω,由 $R_4=nR_3$ 可算出 R_4。

按以上方法计算出的阻值,用电阻箱配置成各桥臂。在 $10℃$ 测温点检查是否为刻度 O 点(如果不在 O 点,说明电桥不对称,应排除故障)。当测量臂电阻为 $20℃$ 时的电阻时,调节电桥供电电压 U,使其指示在刻度中心。用万用表测量出电桥的供电电压,然后按温度每变化 $1℃$,改变测量臂电阻值(根据步骤 1 中的数据),读出电流表读数,并换算成按线性刻度的指示温度,因此,由测温起始点每隔 $1℃$,给出一个温度值时,都能得到一个指示温度值。

四、实验报告

（1）简述实验名称、实验原理、实验步骤。

（2）列出不同温度下热敏电阻的阻值，计算热敏电阻特征参数 A,B 值，画出热敏电阻的检定线。

（3）求散热系数 k。利用静态性曲线求不同电流下的电阻 R，再由 $R=f(T)$，计算热敏电阻温度 T；以 $W=IV$ 与 $T-T_0$ 为坐标点绘制曲线，从图中求 k。

（4）计算热敏电阻最大功率（即测温上限时热敏电阻的功率）。

参考文献

[1]《大气科学中的探测原理与方法》,韩永等编著,南京大学出版社,2015.

[2]《地面气象观测规范》(QX/T 45～66—2007),中国气象局,2007 年 10 月.

[3]《地面气象观测业务技术规定(2016 版)》,中国气象局综合观测司,2016 年 2 月.

[4]《环境空气质量标准》(GB 3095—2012),中华人民共和国国家标准.

[5]《环境空气质量功能区划分原则与技术方法》(HJ/T 14—1996),中华人民共和国国家环境保护标准.

[6]《环境空气质量指数(AQI)技术规定(试行)》(HJ 633—2012),中华人民共和国国家环境保护标准.

[7]《大气环境影响评价》,童志权编著,中国环境科学出版社,1988.

[8]《电子式光学测风经纬仪使用说明书》,南京众华通电子有限公司,2010 年 12 月.

[9]《矢量法基线测风的坐标系选取与数据处理分析》,张艳昆,气象水文海洋仪器,2005.

[10]《涡度相关通量观测指导手册》,王介民编著.

[11]《XLS-型系留气艇探测系统》,王庚辰等,气象科技,Vol. 32, No. 4, Aug., 2004.

[12]《大气探测实验讲义》,南京大学大气科学学院.

[13]《大气探测学教程》,林晔主编,气象出版社,1993.